给年轻建筑师的随笔
——旅程中的求索

[美] 简·万普勒 著
樊敏 张涵 译

中国建筑工业出版社

著作权合同登记图字：01-2017-1328号

图书在版编目（CIP）数据

给年轻建筑师的随笔——旅程中的求索 /（美）万普勒著；樊敏，张涵译．—北京：中国建筑工业出版社，2017.4

ISBN 978-7-112-20481-6

Ⅰ.①给… Ⅱ.①万…②樊…③张… Ⅲ.①建筑学—文集 Ⅳ.①TU-53

中国版本图书馆CIP数据核字（2017）第038988号

Open Notes for Young Architects：Search on the Journey by Jan Wampler

Parts of this book were taken from both Open Strings for e and Open Notes of Harmony, both printed through funds from MIT and generous donors.

Other parts of this book came from talks between the author and his students, recorded and transcripted.

Photo Credits

By Jan Wampler, students and Office of Jan Wampler and as noted. If not noted, source is unknown.

责任编辑：戚琳琳　李　婧
责任校对：王宇枢　张　颖

给年轻建筑师的随笔
——旅程中的求索
[美]简・万普勒　著
樊敏　张涵　译

中国建筑工业出版社出版、发行（北京海淀三里河路9号）
各地新华书店、建筑书店经销
北京京点图文设计有限公司制版
北京缤索印刷有限公司印刷
*
开本：889×1194毫米　1/20　印张：14　字数：318千字
2017年7月第一版　2017年7月第一次印刷
定价：**99.00**元
ISBN 978-7-112-20481-6
（28536）

目　录

作者的话

这本书中的内容，包括了我本人的背景、对建筑方案的解析、与学生的交谈、所写的讲义，还有一些抒情表意的图片与诗歌。我不认为自己是诗人，只是写一点字。我不是要讲述个人生活，但是发现为了要解释自己的一些观念，不仅需要介绍这些年来我所做工作的背景，还需要回溯到我成为建筑师之前的早年时光。这不是一本自传，回顾往昔是为了诠释我今后的思想与作品。

我并不打算做一部作品全集，在我的作品中只有一小部分契合本书的主旨。我选择了其中的一些，以解释自己的建筑态度。

这本书写给那些刚入行的“年轻的建筑师”，他们对自己的学业和工作还不甚明了。我不认为这是一本工作指南，但其中有些想法也许可以帮助那些刚开始职业生涯的年轻人。

这些年来，有些工作是和学生合作完成的，我尽可能记下他们的名字；至于那些在工作室内完成的项目，我也记录了每一位曾并肩作战的同事。没有他们，这一切都无法完成。

书中的大部分篇幅都是本次专门所写。有些内容是以前写过的，为了此次出版作了删节。序言部分则是这些年来我的良师和益友们的馈赠。

序　一

简·万普勒揭示了一个显而易见的事实，但我们大多数人（包括建筑师）对此充耳不闻并置之不理。万普勒奋起疾呼，能够激起怎样的回响呢？

三十年前，美国的社交系统还不如现在这样发达，但那时候还能结识一些能人异士。我就有幸遇到了万普勒这样一位朋友。这一切，要从我在马萨诸塞大道坐上一辆用胶带缠起来的（一点儿也不夸张）小破汽车说起。那位司机跟他的小汽车一样邋遢，他的一头乱发随着风吹得到处都是。这还不算，不一会儿，他脑袋里装的点子就一股脑儿地蹦出来，我敢担保没有建筑系或者规划系的人愿意听他说的那些东西。我向哈佛大学设计研究院（Harvard University Graduate School of Design）举荐了万普勒。乔斯·塞特（Jose Sert）院长并不循规蹈矩，独具慧眼录用了他。塞特后来告诉我，这个明智的决定让整个学院受益匪浅。今天，志同道合之士汇聚于此，我们的观念拓展并发扬光大。不论从任何时间、任何角度而言，事情就应该这样。困难在于，我们需要更多像简·万普勒这样的建筑师来扭转局面，督促大家不要丧失宏观视野与脚踏实地的职业目标。我们的目标，就像医生或者面点师一样显而易见：为了“人”的福祉努力工作；至少在精神的层面，建筑应当将“所有人”照顾周全。

与此同时，更多建筑师却被形形色色的污秽观念侵蚀。他们误入歧途，认为建筑可以抛弃人性与社会的公理而自立。正好相反，这些人认为如果能将建筑从桎梏中解放出来，“建筑的自明性”终会被许可接受。他们希望建筑回归最初的本源而不是服务于别的什么事，这可是一门艺术——“建造的艺术”。

所以呢，现在全世界的建筑艺术家，都热衷于搞些没用的东西——那些看起来有点像建筑的人造物。此时我们有简·万普勒站出来唱反调。他势单力薄，却倡导建筑师去做些真正对人有用、能改善民生的建筑，为所有人服务的建筑——我再次强调——不是那种针对精英的设计。“自明的建筑”实际上只是丑陋的矛盾体，这是不容逃避的简单事实。最大的问题在于：真正的好建筑却因条件所限，无从实施。所以，不管你习惯铅笔画线还是电脑作图，都要像简·万普勒那样全心投入，并享受付出的过程。这就是他传达给大家的信息。万普勒是天生的工匠，他把自己所认知的人、结构和材料（尤其擅长废陶瓷与彩色玻璃）巧妙地捏成美丽的小建筑。简感人的著作《他们所有的一切：人与他们建造的场所》（All Their Own：People and Places They Build），向我们展示很有启发意义的建筑图景，那是无论怎样向拉斯韦加斯学习也学不来的。著作的标题为全书定下了基调——一锤定音——接下来我所引的开篇词，同样也是开门见山。三十年前，简对我说，他热爱着拉佩拉（La Perla）、圣胡安（San Juan）、波多黎各（Puerto Rico）。我也看到那里的平凡人，贫穷重压着他们的脊背，海浪几乎要将他们的家园冲垮，但他们却缔造出惊人的成就。

我的引述如下：

曾几何时，这个国家的人民用自己的双手营造家园。人们为子孙后代开垦农田、建造房屋、栽培树木，在土地上留下了自己的印记，一切都自然而然。

与万普勒结识后不久，我就表述了类似观念：如果我们不能理智地处理与环境的关系，那么我们的社群将会与环境脱节，人在自然景观中突兀蹩脚，看起来就如同畸形的弱智者。可想而知，基于此的社会将是一种低级的"原始社会"。

无论在格陵兰岛、非洲、南太平洋或被开发前的美洲，人们都能够精确而优雅地与自然和谐共生，群体行为延展成为一种美丽的状态。人类取之有度，与环境建立了持续的平衡。现在我们做不到了，而且再也无法企及。

真的如此困难，真的遥不可及了吗？格陵兰岛的居民、非洲的土著人、南太平洋岛民与美洲原住民，我们与他们不是同一物种么？我们的精神禀赋不同么？还是我们先天的品性不一致？人们拥有多种多样的行事方法，不论你是否相信，在这些微小的社群和他们正在迅速消失的文化里，必定存在着一种超凡的能力与可能性。

所以我们并没有理由放弃希望。因为每个人都有着应对环境的本能。人们恰如其分地建造出自己所需要的空间——它们是如此美丽。塑造空间，就如同人们运用语言相互沟通一样，这是人类在原始阶段就已具备的技能。

痛苦的事实是，建一栋好房子并不作数，我们需要数以万计的高质量建筑。彼处的一所好学校对此地需要念书的孩子毫无用处，我住进一栋漂亮住宅不意味着千百万人也住得好。请铭记这个事实并且行动起来吧。

阿尔多·凡·艾克（Aldo Van Eyck）

故于 1999 年

——选自麻省理工学院为万普勒著作

《E 弦之音》（Open Strings for E）所举办的

展览与出版大会的致辞

序　二

你看简·万普勒迈过回廊，
灵气附身，
精神激荡着魂魄与身体。

他开始行动。
一瞥之间尽收眼底
（学生、模型、图纸、挂钉，
房间、建筑、景观），
皆以灵动的智慧回应。

无论何时，敏锐的头脑，
总是忠于，
多情善感的内心。

他的建筑拥抱着大地，
升腾而起：
屋顶如水仙般悬立，
生在美国，这片广袤土地，
梭罗、惠特曼与赖特指引，
人与自然互惠共存
（大地孕育人，
人耕耘大地，
修造建筑，硕果累累）。

他凭着自己的步调，
年复一年照料这份遗产。
顺着隐秘的航道，
凭着直觉，
与人性尊严记忆的引导。

而现在，他竟出人意料，
让这遗产重新绽放：

重视城市肌理
（多由那空间织就）。

人们迁入
另一种景观，
建筑在其中生长。

异国他乡的村庄，
人如鸟雀般建造，
出生，哺育，相爱，死亡，
都在这里发生。
你可知道。

没有宏伟蓝图，更不曾抽象，

本地法则须呈现。

他手无寸铁，
不求权势，
却从不轻易退让，
面容坚定追求真理。

不凭着一身才气，
沽名钓誉。
也不为任何目标处心积虑，
天降大任，他步步艰辛。

这是一个完成时才会理解的任务。
重担在身，时不我待。

约翰·哈布拉肯（John Habraken）
——选自麻省理工学院为万普勒的著作《E 弦之音》
所举办的展览与出版大会的致辞
2014 年 9 月 15 日 修改

序　三

1964年秋，我遇到了简·万普勒。当时他在哈佛大学设计研究生院读城市规划专业。那时候的简热情洋溢、慷慨激昂，令我记忆犹新。讨论中我们各执一词而他毫不妥协。他热切地认为，建筑师的首要任务，是改善我们所处的物理环境并解决城市问题，为工作和生活创造更有意义的场所。他还认为，一位建筑师必须对人与文化保持敏感。

四十年过去了，万普勒在教学、实践与研究中贯彻此道，于工作中倾入了自己所有的观念、梦想和思考。尽管遇到了不少困难，但他依然保有一颗热心肠，知晓我们世界的自然本质。这些年来，我们见过几回面，最近一次是2014年在哈佛设计研究生院，每次都感觉像是昨天刚刚相见。究其原因，也许是因为万普勒始终如一，矢志不渝地追求自己的目标。

我非常珍视1964-1965学年末尾与他共度的那段时光与回忆。"城市房间"(city room)、"城市走廊"(city-corridor)等理论就是那时候学习研究的结果，他曾为这些成果作出了很大贡献。阅读他最近的论著，看到其中"通过公共空间可以衡量出一个城市的品质"这样的观念，我再一次感觉到，万普勒整个职业生涯中都延续着相同的观念。

当时，我们与其他三位成员一道，组成了一个特别的研究小组。我们调研了波士顿中心区的运转系统，发现了不同系统之间存在的交叉点，它们是设立更人性化的公共运转网络的关键。

大家都说我们正在迈向一个全球化的社会，按照马歇尔·麦克卢汉（Marshall Mcluhan）的说法，那将是一个地球村。但这并不意味着全世界的场所与空间都会变得一致。荒谬的是，我们发现很多原本被认为相同的事物其实存在差异，而在很多被我们理所当然地认为不同的文化产物中，却能够找到共性。只有在这种意识的引导下，我们才可以建立具有个体认同感的城市与场所。简·万普勒过去四十年的工作充分证明了这种理想。

普通人不具备将意愿转换为物理现实的手段。一般而言，他们甚至不知道自己潜藏的欲望是什么。万普勒每次接到设计任务，首先要对当地的历史、地理、人文、自然资源及生活习俗作全面的调查。之后，他会与当地居民、用户及相关人员交谈，从相互交流中发掘他们的价值观与意愿。

他运用毕生的结构学知识，敏锐地将调研中显现的各类问题联络接通。通过这样的方式，一个个建筑体量和规划的图景，就逐渐显现出来。

万普勒称，所有的建筑都是一种生命形式。

随着居民的共同参与和努力，它如同树木一样随着时间而生长变化。那么，一个可持续发展的社会该是什么样的？在可持续的社会中，每个人都可以培育自己的梦想，同时也为个人与集体建立更美好的未来——无论多么朴实无华的梦想，都将会得以培育。

简·万普勒过去四十年的工作，便是这一理想的明证。

槙文彦（Fumihiko Maki）

2014 年 10 月

引　言

我从来就不是个作家。在工作中，我习惯用简短的语句表达意思。我从不擅长以写作来拓展思路；通常，我以视觉的方式思考。

我的思维并不借由文字的表述，而是以视觉的形态显现出来，它们通常具有非常完整的视觉细节。在开始设计前，我的意识会首先感受到一个整体面貌，然后各个部分会逐步视觉化为具体的形式。

这或许源于我幼年在学校的一些经历。

小学二年级或三年级时，我就读于宾夕法尼亚州（Pennsylvania）西北部的一个单班制学校[1]，那时候我和继父、母亲、兄弟一起生活，住在一所夏季别墅中。我每天要步行将近一英里去学校——或许也没那么远吧。人们往往会夸大艰难的经历。

那所学校只有一间教室，塞了六个年级的学生。从一年级到六年级，按顺序安排为六列。教室后边安放着一架巨大的炉子，整天烧着柴禾为教室供暖。我们常在炉子旁边挂外套，晾胶鞋。因此，教室里面总是弥漫着一股烘烤毛衣和橡胶的强烈气味。这混杂的气味便是我记忆中学校的气息。

地图、照片、文字、数学例题和科学实验的图片挂满了教室的墙壁，满屋子都是令人愉快的知识与信息。我曾花了很长时间观察墙上挂的教辅材料。

教室两边的墙上装着几扇窗，外面刮风时窗缝就会透风，但在天气好的时候，便可以享受满满一屋子的阳光。有个学生专门负责调整百叶窗帘。那段日子真让人高兴。穿过半透明的百叶窗，温暖的光线填满了教室。对我而言，那间教室是一个充满了奇迹与秘密的世界。

学校有一间“茅房”（我已经记不清那间茅房是不是男女学生混用的），有两个洞口供人方便。

天气好的日子，课间的休憩就是在教室外面四处乱跑。我不记得有秋千、滑梯之类的儿童游乐设施。所有的孩子都凭着想象力玩着虚构的游戏。通常，高年级学生会想出个玩儿法，然后带着低年级同学一起玩，不同年龄的孩子也能融洽相处。

冬天很少能遇上好天气，课间休息时我们只好待在室内，在教室里学，也在教室里玩。大同学和小同学经常在桌椅之间捉迷藏。

中午大家就在课桌上吃饭。午餐都是从家里带过来的，大多是花生酱三明治。我的饭盒上画着独行侠图案，本人是那档广播节目的忠实粉丝。每次播故事我都听得聚精会神，想象着故事里的每一个画面和场景。每集故事都比上一集更好听。那台老式收音机的扬声器像磁铁一样，深深地吸引了我。我还记得，第一次看到电视时我大失所望，播放的画面都是提前录制好的——那些图像远不如我听广播时所想象的精彩。那时候，有不少广播节目听上去都很真实，而电视的出现让一切变得索然无味。收听广播激发了我的想象力，我构想的画面常常比电视上演得更加生动完整。从那

[1] 即学校只设一个班级，包含所有年级的学生。——译者注

时起，我便考虑以后可以做一些视觉化的工作，没准儿可以设计建筑呢。

我经常回想起我们的老师，怎么能够同时教六个年级。她整天穿行在一列一列的学生之间，在生火添柴的时候还要维持教室里的秩序。她十分和蔼可亲,体贴所有的同学。她将班级组织得井井有条，为每位同学分配任务,像是指挥着一艘远航的小艇。

现在我也教书,明白像那样整天上课有多累人，大多数时间里她都要面对高强度工作的挑战。我不知道这段经历对她有怎样的意义。对我而言是种很独特的感受。在那以前，美国有很多单班学校，尽管目前大多数学校已经变成了多班制，但是如果你仔细观察，便可以找到最早的那一间单班教室，像是纪念碑一般，见证着依赖教师个人发挥的早期教育体系。

我家住在一栋位于湖边的夏季别墅里，冬天烧壁炉取暖，厨房里还有个烧木柴的炉灶也能供热。当时战争刚刚结束不久，而 20 世纪 50 年代那场创造了城郊的建设热潮还没有开始，因此住房十分紧缺，我们只好租了一栋夏季别墅。

在分给我的家务里，有一件工作便是堆柴。母亲往炉子里添木柴，既能取暖还可做饭。我总试着把柴禾堆得高到连母亲也够不着顶，希望这样就不用每天都干这活。不知怎的，她总是能把我前一天堆的木头都用光，每天放学回家，我的第一件苦差事便是继续垒柴堆。

我在二楼的一个大房间里睡觉，靠着从楼梯冒上来的一点儿热气取暖。每天清早火炉熄灭后，屋子里就有些冷。我们挤在火炉周围吃早餐,烤烤火，穿厚实了就出门上学。我记得，要淌过路面上厚厚的积雪，顶着从湖面上吹过来的大风步行很久。每年冬天都非常寒冷，大地粉妆玉砌。有一次我们被大雪围困，只得在雪中挖通道。终于，有人开来了一台犁雪机，却卡在一个大雪堆里。它被丢在那儿好几天，最后靠一台拖拉机才从雪堆里拖出来。对于犁雪机和它的驾驶员而言，那一定有些难堪。在我看来，穿越雪中的隧道绕到没有积雪的大路上，实在是相当奇幻的一件事。当然，并不是所有的区域都这样，湖面吹来的大风雪让这里银装素裹，有些地方却完全是干的。

冬天改变了世界的模样。直到现在，我好像还可以听到从湖面吹来的凌风掠过冬青树梢的声音，听上去像是一首乐曲，让人觉得更冷了。湖面结冰的时候我们就可以横穿冰面到达对岸。坐破冰船是去往对岸的另一种方法，当那些木头大船张着满满的风帆，在冰湖上飞速疾驰时，我总是特别兴奋。

在春秋季节，湖边的生活同样引人入胜，因为那里本就是人们避暑的度假胜地。要去湖上玩，首先要把船修好才行。我负责测试船上的尾挂发动机。现在想起来，那是非常危险的，但在当时却是一场伟大的冒险，让我觉得自己很重要。母亲发现这事后，立即制止了我。

有一次过生日，我收到了一只烧油的玩具船，船尾的火焰加热水面，水蒸气便推着小船滑行。小船第一次下水时，并没有在水上绕圈，而是笔直向前越飘越远，这简直让我慌了神。后来，一位在湖边住的朋友开了船带我出去，从十月的冰冷湖水里把我的小礼物捞了出来。

冬天就只能待在家里了。我整天用纸板建“城市”，有时按着照片的样子搭接，有时则凭着想象自由发挥。到了晚上，我靠在壁炉旁边，一边听广播，一边和继父下跳棋。

就在这段时间，我学会了单词拼写、基本语法与语句结构。老师在教完我们这一列同学后，就去另外的座位给别的年级上课。我在该学英语时，却被高年级的历史和地理课吸引。老师回到我们这边做英语测试的时候，我的英语没学进去多少，却能说出她教给高年级的内容。没准儿这就是我不太会写作的原因。英语的问题在高中和大学依然困扰我。念大学时，我觉得建筑师根本不用考虑如何去写作——那可真是错到了家。

我的外公在俄亥俄州（Ohio）中部有一个160英亩的自耕农场，去宾州之前我在那边住过一段日子。原本，我和母亲住在俄亥俄州的马里昂（Marion），她在那有一套公寓。为了补贴家用，有时候她不得不把我的卧室租给别人，这样一来我就得搬到外公那里去住了。农场有的是吃的，就是没多少钱。我一点儿也不介意住在乡下，事实上我还挺喜欢的。我爱那里，因为外公外婆也无条件地爱我，广阔的农田是有待探索的奇趣世界。比起年轻的父母，老年人更适合抚养小孩，因此我提倡把小孩交到老人手中去。拿我来说，小时候就从没出过什么岔子。两位老人都是很好的导师，影响了我此后的生活。

那片农场的地势平坦，天气好的时候我们能看到几英里以外的地方。因为家里没有拖拉机，所以用大部分的土地种上了玉米来喂养马匹。外公总是说自己很了解马。他生于一个驯马人家，从小跟马一起摸爬滚打，从家人那里学到了驯马的技巧。马儿不舒服的时候他能察觉，他也知道如何善待马匹。外公几乎可以解决与马有关的一切问题，但却对如何运行、修理或保养拖拉机一无所知。别的农民花几个小时保养拖拉机，而他几分钟内就能拉起来一队马。农场里的老牛、大猪、小鸡和谷仓猫，它们都和我交上了朋友。家里的经济作物是牛奶和奶油，大人把鲜奶从大路尽头的金属大罐里取出来，然后由我送到乳品厂加工。冰冷的地窖里，有五十多个褐色和白色的漂亮瓦罐，里面装满了牛奶。我的工作是把奶油从牛奶里边撇出来，这工作简直太棒了！数量可观的奶油还没来得及装进包装盒，就流进了我的嘴巴。

农场里的房子、大的小的谷仓、鸡笼、玉米仓和修理棚，都环绕着谷仓旁边的空场地布置。这个空间就像村中的小广场一样，旁边的水井为人畜提供饮用水。那片乡村没有接通自来水，更没有水冲厕所，只有一间旱厕盖在离谷仓稍远一点的地方。

谷仓旁的空地[1]，是所有生活发生的地方。清早在这里挂好马匹，小马也在这里撒欢。不论你去哪，都要打这里经过。你和朋友在这里打招呼说再见，装罐头前也要先在这里做准备工作。谷场是农场生活的中心，对我而言也是宇宙的中心。直到现在，我还可以画出谷场和周边建筑的平面布置。

平坦广阔的田地和谷场形成了鲜明对比。我常常在那片田里走路，一条小溪穿流而过，是田地里唯一的自然地貌。小溪滋养着田里的玉米、干草、土豆和小麦。我家大部分粮食都在这片田里种植出来。在谷仓后面的园子里，我们种植了蔬菜：西红柿、豆角、生菜、辣椒、南瓜和西瓜，每年秋天的收成都很好。

离田地很远的地方有一所小屋，晚上能远远看见屋子里边透出柔和的灯光。在那附近有一条（没准是两条）铁路轨道。吃完晚饭后，我会一直散步到那附近，在铁路旁边找个地方坐下，数一数路过的货车和客车。所有经过那里的火车有多少节车厢、有没有晚点、载了些什么货品，我全都记了下来。火车司机们通常会向我挥手致意——因为常在铁路附近散步，他们都认识了我。客车往往会加挂一节餐车，我向里边张望时能看见餐桌旁的旅客，有时候甚至能看清他们晚餐在吃什么菜。我对自己的纪录非常自豪。每天晚上我带着笔记本回到家，为外公外婆说一说今天看了些什么，或者讲讲哪列火车晚了点。

当柴油内燃机车取代蒸汽机车时，这件事变成了大家谈论的重要话题。这里的第一辆柴油机车经常出故障，有时在农场附近的铁轨上抛了锚，被蒸汽车头拖回修理厂。我记得，当时没有一个人喜欢柴油机车：它们冒的烟呛人，跑起来噪声很大，看上去也与其他车厢不相称，在田园风景里就显得更别扭了。

我对柴油内燃机车的感觉跟他们不同。我认为它们是未来的标志。当第一列柴油内燃机车从这里开过的时候，我悲伤地发现它的车厢和之前一模一样，老式车厢和新式火车头形成了鲜明的对照。那天晚上，我哭着从铁道边走回家，真希望过几天他们能把车厢也换成新式的流线形。

我常常想，也许是那些从乡下农场旁驶过的火车，唤醒了我的好奇心，激发了我探索世界的渴望。那是一座桥，桥的另一头连接着我所向往的未知生活。

我外婆用蔬菜和猪肉做成香肠，再花上好几天把做好的香肠装进罐头盒。外婆在厨房里，用煤油炉子和一个叫作“CanO”的电器（或许叫别的什么名字）装罐头，到现在我还记得装罐那几天家里的浓烈气味。制作罐头可是一件大事，其他农民会

---

[1] 原文为branyard，类似于“打谷场”，指从事农业生产的公共空间。——译者注

来我们家里帮把手,农忙的时候大家都会相互帮衬。这种社群意识深深地影响了我的工作。对我而言,农场生活充满了乐趣。我有一项家务活是拾鸡蛋,听起来不难,问题是母鸡们从不把蛋生在鸡窝里,我得搜遍畜棚场边所有的房子。每次发现一枚鸡蛋我都喊外婆来看,简直像过圣诞节一样高兴。我常常要花好几个小时找鸡蛋,与此同时我也探索了农场中的建筑。也许复活节找彩蛋的习俗就是从找鸡蛋发展而来的吧。

谷仓是属于我的王国,我知道谷仓里的每一个"秘密地点"。我在谷仓中间搭起帐篷,花了不少时间待在里面,享受着属于自己的空间。用梯子能爬到高处,这对我而言都是轻车熟路。

阳光从窗户与壁板的缝隙间射入谷仓,那景象恰如我多年后在欧洲大教堂中所见的缥缈天光。

多年后故地重游,我回到谷仓里。攀爬梯子时,我的手不假思索就摸到了隐藏的把手。我想,这谷仓已经成为了我身体的一部分。

这真是一段美好的经历。

外公带着我,在池塘旁边造小水坝,用纸盒造城市,每一天都充满欢乐。我记得,有一次我用纸盒做了火车车厢,要做车轮时却切不动木头,他帮我打磨直到深夜。那次一定把他给累坏了。

农场的夏日激越而冬日平和,入冬后我们便坐在壁炉旁说说话。在这样的冬日里,我常听外公讲述他的往事。年轻时,他曾与父母和兄弟姐妹搭档,在马戏团表演马术。

我外公也许并没有上过学,可能也不会写字。但我看过他一字一顿地高声诵读农场通告牌上的单词。他生在得克萨斯州一个驯马人家,有十个(也许十二个)兄弟姐妹,他们都在马戏团中长大。那时候,看马戏表演是小城镇为数不多的娱乐节目,通常在很大的帆布帐篷里边演出,用煤气灯照明。那种灯非常糟糕,经常自燃。有一次煤气灯失了火,只有外公和两匹马侥幸逃生,家里其他人都葬身火海。他无家可归,靠着表演驯马养活了自己。故事依然继续着(虽然我也不清楚外公的所有经历),他十二岁时,独自驾着两匹马穿越俄克拉荷马州来到科罗拉多州,遇到一个男人,他收养了我外公。至于外公为什么来俄亥俄州,以及他的养父究竟是何许人,对我而言一直是个谜团。

他虽然没有念过什么书,却生来聪明,懂得生活之道。这些特质都直接遗传给了我。他的经历中流露出许多生活的智慧。

我就是被这样一个"大老粗"抚养长大的。他对生活的真知灼见和与生俱来的智慧,毫无疑问都影响了我,让我坚信全世界每个人都具备潜力。在家里,英语能力并不重要,钻研兴趣与生活技能才是重点。

当时还没有"可持续发展"这类说法,但那正是我们当时的生活方式。

我和母亲住在一起时,她买了一套知识百科全

我的外祖父与外祖母（大约摄于 1958 年）
我强烈建议孩子小时候应该交给老人抚养，我的外祖父与外祖母是我未来生活的重要导师

书，一共二十册，每个月寄来一本。我把每一册都翻了个稀烂，如饥似渴地阅读书中的图文，对书中描绘的远方世界心驰神往。那是一套通识教育丛书，里面有很多关于世界各地著名建筑的照片与手绘图。母亲过世后我一直珍藏着这套书籍。直到今天，翻开书中的任意一页，我就知道下一页讲什么，简直倒背如流。这部书是我的图书馆，将我和梦想中的世界联系在一起。

不知何故，虽然我在上学前就自学过阅读和打字，英语还是不怎么样。我在很小的时候，就特别擅长设计小房子，我摆出来的房屋和城市棒极了。每次亲戚朋友来串门，都会带来麦片盒、饼干罐以及各式各样的盒子给我当手工材料。圆形的盐罐最好用,它独特的形状和材质能够让我的设计更丰富。

为了补贴家用，母亲租掉了我们的房间，为别人洗衣服，同时还做一些手工巧克力出售。她做的巧克力非常好吃，香甜的滋味让人记忆犹新。她怕我偷吃，就把巧克力盒四处分散藏在屋子各处，但我总是能翻出来一点。我小心翼翼地打开盒子，从里边取出一两粒吃掉后再重新包好，谁也看不出来。我只能想象当顾客打开巧克力盒时发现少了几粒时，会是什么表情。

几年以后，母亲改嫁给一位铁路公司的职员。没准在农场生活时我就见过他了，因为之前这位先生就在穿越农场的火车上工作。他原本是一位消防员，之后成为一条支线上技工和消防员的主管。对我母亲来说，这个男人带来了她从未有过的稳定感和安全感，让人觉得安心：她终于挨过了萧条期，现在经济上总算松了一口气。

因为继父工作的原因，我们搬到了宾夕法尼亚州的米德维尔（Meadville），在小镇郊外的一所住宅里生活，建筑周围环绕着树木、溪流和田地。

我立即沉浸于这全新的自然景观中，整天穿越森林散步，在树上搭小屋，采摘野草莓和黑莓，冬季则在池塘滑冰,全身心地体验大自然。对我来说，这片树林带来的是与俄亥俄州一马平川的广阔大地完全不同的体验。有些方面是我前所未见的，比如这里广为流行的猎鹿活动。每年冬天，大多数人都在自家车库旁挂起一整只鹿，我一直不明白为什么要这样。如果你不在家门口挂一只鹿，就会显得没种。这习俗看起来有些诡异：我不明白人为什么要去杀一只鹿或其他生灵。我更愿意欣赏它们在大自然里奔跑跳跃的样子。

大自然的四季变化令我着迷，每个季节都有独特的性格。那条流过树林的小河，秋天几乎干涸，而在春季却泛滥成为咆哮奔波的水流，使人无法横渡。夏天我在河边建了好几个复杂的挡水坝，每年春天大水下来，不一会就冲毁了。几块巨石横立于河床，水流冲击下竟形成了瀑布。我给这里每个地方都起了名字，晚上花几小时画一张地图，第二天再沿着地图的标记跑一遍。

这片林子里原本长着很多栗树。我家附近有一个锯木厂的废墟，车辙印从锯木厂延进了森林，当年一定是通过这条路把木料从林子里运出来的。这里的栗树林很久以前就被采伐殆尽，我来的时候已经长起来新的树林，都还没长大。有一片被伐木工漏掉的区域长满了高大的栗树，其他的地方则生长着各种杂木。

采蘑菇、寻找奇树异草、采野花，我的搜寻之旅非常有趣。有一次，我在一片开阔地旁找到一朵从未见过的野花,兴奋得发抖。我研究了森林各处，有些地方光线充沛，也有些地方终日阴郁，我逐渐了解了不同地方植物的生长习性。所以，我又画了一张森林的植物分布地图。这片林子是我的朋友和伙伴，每当我低落和孤独的时候便去找它，它永远在那里等着我。

上高中是一段糟糕的经历。后来我才知道，很多孩子在那个年龄段都有相同的体会。我不太合群，兴趣也与别的孩子不同，只是整天设计房子。很明显，我在班里显得陌生而古怪。有些学生纯粹是地痞，专以嘲笑和霸凌他人为乐，享受着自己在学校里的短暂名声。

这段时期，我游历了一些大城市。因为继父在铁路公司工作的缘故，在大部分线路我都可以使用免票通行证。连接纽约和芝加哥的伊利湖铁路正好穿过米德维尔，每天有好几班。那时，铁路是主要的交通运输方式。我记得为了造访纽约的著名建筑和博物馆，得坐一整晚的火车。我常去纽约现代艺术博物馆（Museum of Modern Art）参观。有一次那里展出莫奈（Monet）的《睡莲》，我看入了迷，待了好几个小时。现代艺术博物馆为每幅画作都设了单独的展位，有次自己坐在地上欣赏绘画，不知不觉之间竟睡着了。一位保安叫醒了我，凶巴巴地告诉我马上就要闭馆并让我赶紧离开。

我也去过芝加哥，只为造访路易斯•沙利文（Louis Sullivan）和弗兰克•劳埃德•赖特（Frank Lloyd Wright）的建筑，那些建筑的美令我倾倒。在米德维尔时，图书馆里关于建筑的书籍很少，每一本我都借过好几次，尤其是关于沙利文与赖特的著作。

在我的早期教育中，游历的经验比我在高中学校里的所学更有意义。我规划了自己的高中教育，尽管那并不完全符合学校的大纲。

高中的课程很无聊，没有几门课能够引发我的兴趣和热情。我便自己制定了学习内容（比如读诗和古典文学）。因此我毕业时的平均成绩并不理想。高中辅导员建议我找一份绘图的工作，或者是去夜校补课。他好像很确定没有大学会收我，而我也不是做建筑师的料。这些话听上去很不入耳，却激励了我。我要证明他是错的。

那段日子，我在大学旁边的一间小食店做快餐厨师。实际上我干的活远远超出了烹饪的范畴：得洗碗，还要摆货架，晚上还要擦地板。我几乎包揽了“斯坦乳品店”里的所有工作。

在那里我结识了几位阿勒格尼学院（Allegheny college）[1] 的学生，数次长谈之中聊起了我对建筑学的钟爱。他们想办法为我搞到一张学院图书馆的借书证，还把我介绍给学院的教授和客座讲师。在学院的图书馆里，我接触到很多关于建筑的书籍，尽管馆藏算不上广博，对我而言却是一座宝库，其中的藏书我都读过多次。通过与学院教师的接触，我找到几位教授为我写了推荐信，这让我获得了进入大学的机会。这些教授给出了与高中辅导员截然不同的评价。

我相信，正是这些推荐信，让大学接受了我。

这些年来，我听过不少故事。很多女学生表示，她们的高中辅导员断定她们没法做建筑师。这太可悲了。目前我的学生中一大半是女生，其中不少人已成为出类拔萃的建筑师。

我向几所学校提交了入学申请，全部收到了同意入学的回复，最终我选择了罗得岛设计学院，那里对我再合适不过了。

在以上的内容中，我向大家坦露了自己英语能力贫乏的缘由，我不会辩驳这一点；以下的文字，在形式上也许不会被绝大多数人所接受——但那的确是我的想法。这些思想都非常直观，是我多年教学与实践生涯的凝练。

你可以继承并发扬这些思想，当然你也可以忽略它们。

下边的笔记中有一些是以前写的，有一些是新作，还有一部分作了修订，其余内容都是我和学生的对话整理，还有学生求教的电子邮件及书信。

它们不是诗歌，我也不是个诗人。我把它们称为“文字”，试图以此展示自己的思想。

我不想假装自己已知晓答案——我只有基于信念的思索。

一位建筑师能做些什么？这是个老问题。我的写作目的，便是为后来者们找出新的答案。

如果你已经坚持读到这里——十分感谢。

也许你压根就没看完，我也完全理解。

因为，我自己读书时也不看引言。

[1] 阿勒格尼学院（Allegheny College）建于1815年，位于美国宾夕法尼亚州，是一所有着古老历史的私立文理学院。——译者注

一 | 开场白

黎明还未破晓，
太阳还没把天空点亮。
我在草叶间的石头上，
　饮一杯茶，
　等太阳来。
野鹿从林中出走，
与我相随，
我们四目相对，
　眼神碰撞在场景中间。

　晨风撩拨，
　柔草轻舞。

我看到屋子里，
逐渐斟满了生命的光，
　如乐谱般，
　舒缓铺展。
于是我开始懂得，
这所房屋，
　不仅遮蔽身体，
　还庇佑了灵魂。

为这屋，我低声颂唱。
我们且思且行，
殊途同归，
所以明白：
人生七十载作为，
只是穿越了一段，
生命风景的旅程。
我们全都，
没法摆脱过去。
　好似列车轰鸣，
　疾驰前行，
　却拖着长长的轨迹。

这持续的体验，
恰如苍穹背景。
日换星移，
我们的思想投合，
人同此心。
　没有人能够，
　与世隔离。
　没有国能够，
　保持孤立。
　所有人将会，
　合唱生命的颂歌！

在此我邀请你，
　寻找答案，
　奉献热心。
这是关于求索的
　旅行笔记。
　赠与
　年轻的你！

布洛克岛住宅（Block Island House），罗得岛（Rhode Island）（大约摄于 2010 年）

布洛克岛住宅四季的不同风貌，罗得岛（摄于 1990 至 2012 年）

布洛克岛住宅的花园，罗得岛（2010 年摄）

布洛克岛住宅室内，罗得岛（2012 年摄）

二 | 早期教育

为了赶到罗得岛设计学院（the Rhode Island School of Design）[1]，我把所有家当（包括一台便携手动打字机）塞进行李箱，在火车上晃了一夜。到了纽约已经是早上，坐渡船飘过哈德逊河（Hudson River）后就到了纽约市区。从中央车站上车，列车沿着新英格兰海岸一路前行，我生平第一次看到大海。抵达普罗维登斯（Providence）以后，便找到住处安顿下来，开始了第一天的大学生活。一切都像做梦一样。

我成了家里第一个，也是当时唯一一个大学生。

罗得岛设计学院是个神奇的地方，我还记得大厅里新刷的油漆气味，穿过陶瓷和雕塑工作室，已经有不少学生待在里面，我也成了这个大家庭中的一员。

我一直生活成长在视觉的世界中，利用视觉语言表达自己的想法。以设计闻名的罗得岛设计学院，对我而言是一处完美之地。

通过研习学院分配给我们的项目，我逐渐形成了自己的建筑观念。那时候，大多数建筑项目是在风景如画的私人土地上为富豪设计别墅。在我看来，这些被私藏的美景应当为所有人欣赏。

我常在项目场地上露营，感受那里清冽的晚风与温暖的朝阳。一回到学校，我通常会宣布建筑的基地太美，不适合建任何建筑。当然，冲动的结果就是成绩被评定为不合格。

我为自己制定的设计题目，通常是与自然相结合的主题，与此同时，我还要完成学院布置的设计任务。

我自己设定的题目中，有一个是在场地的景观里安装小品。时光荏苒，我常故地重游，回去看看自然的大手将这些小东西变成了什么样。我还记得，其中一个变成了鸟巢，另一个的阴影下生长着绿油油的苔藓，让我非常欣慰。第三个作品则被安在一个犁上面，农民用它来耕种土地。我一直想知道，当一位农民第一次看到缠作一团的钢筋与混凝土时，他会作何感想。

学院的一位老师发现我那些不寻常的作品后，邀我为年展做些设计。我曾多次为展会布展并建造展台，发现建造过程比最终成果有意思得多。

年展的典型布置有些类似博物馆的展厅，在墙上展出绘画，将雕塑园布置成小桥流水的样子。我不打算循规蹈矩，因此将展场挪到了室外。我决定在这次布展中尝试使用新的材料与方法，艺术家们在学习工艺与技巧后，能使用新材料创作艺术品。最终我们选择了玻璃。我找到一位匠人，向他讨教吹制玻璃的方法，而那时候玻璃艺术还没流行起来呢。每个人基于一个相同主题，变化出很多组不同的形式，我将它们安装在展场的顶棚上。在白天，

[1] 罗得岛设计学院（the Rhode Island School of Design）位于美国罗得岛州的普罗维登斯市。建立于1877年。建筑、插画、工业设计、平面设计等专业实力强大，是美国最负盛名的设计学院之一。——译者注

阳光透过棱镜和平面镜折射后照亮了那些小装置，透过玻璃焕发出彩虹一般的光芒；到了晚上，我们用电点亮它们，交相辉映，每一个都像是乐谱中的音符。每组装置都连接了一架旧钢琴，由琴键控制线路的开关。我们可以为每组作品谱写一首曲子，弹奏琴键时，头顶的艺术品也摇曳着丰富的光彩。

每种形式都有与之对应的音符。

在罗得岛设计学院念书时，为了凑学费和生活费，我兼职过不少跟建筑相关的工作。且工且读，对我而言是再自然不过的事了，在上大学前我就是这样生活的。

十四岁那年，我跟着一位建筑师干活，第一次挣到了钱。每个星期六上午，我会带着前一周画的图，去建筑师的事务所询问他们要不要雇我。我利用夜里的时间练习设计和绘图，提高自己的工作能力。那时候，建筑事务所为了与工程承包商接洽，周六也照常上班，因此我只好在那一天抱着图纸上门。

我试过不少次。镇上只有三所建筑事务所，他们都对我非常客气，但并不打算雇一个没有任何工作经验的新手。我表示只要他们肯用我，什么活我都可以干。一来二去，我在这三家事务所都混了个脸熟。

终于，有家事务所雇用了我。我再也不用每周六跑路了。

我简直像在天堂！

我在镇子附近的一个城市上班，那个夏天我每天很早就起床，搭便车赶一个钟头的路程。我负责事务所的所有杂活：开大门、晒图、打扫资料室、整理规范、画详图和随时打下手，忙碌一整天后，再锁上办公室的门。

这简直像在做梦！

每天晚上，事务所的总建筑师下班回家前，总要来我桌子旁边，看看我在干什么。

有时候他会跟我待上一个钟头，教我画图。他画建筑细部的时候先确定比例大小，然后直接动手画，偶尔停下瞅一眼大致比例。他走之后，我常常用尺子去量，尺寸完全精确。他手和眼的协调让我叹为观止。

如何勾草图、如何让构图变得精美、如何写工程字，我反复模仿那些对他而言易如反掌的事。每天晚上，我都要为第二天的工作勤奋预习，想方设法让自己画的图纸像是他画的一样。

这段时期，我受了一些建筑学的教育，但还是无法完全领会他的工作。多希望能有个机会再见他一面，当面感谢他曾给我机会。

戴维·艾萨克·戈德伯格（David Isaac Goldberg），谢谢你。

上中学的时候，我为一位建筑师和一个家具公司工作过。我既做绘图员，又当设计师。公司大楼的每一层都设置了特定的功能。底层是仓储间，绘图室上面的三层都是制造车间。橱柜就在这栋楼里边被生产出来。常去车间里转一转很有益处。我留

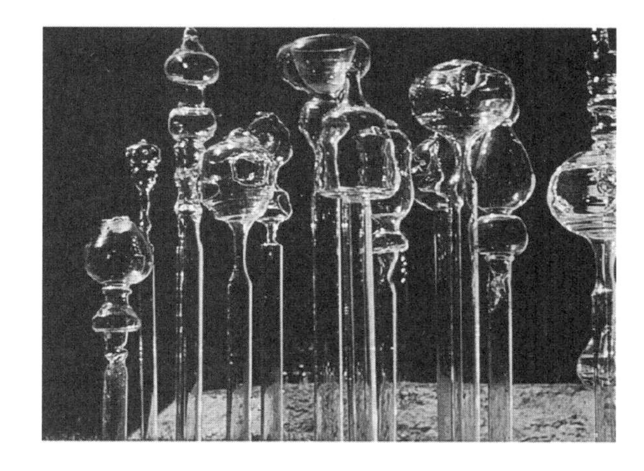

在普罗维登斯学习时制作的手工艺术品：玻璃花园、光线与音乐（Garden of Glass，light and music）
【罗得岛设计学院查尔斯·阿诺德（Charles Arnold）摄于 1961 年】

心观察细节，同时改进自己的设计。通过对生产过程的观摩，我掌握了很多细节知识。和细木工一起工作的经历，让我懂得了精细设计和绘制详图的重要性。这工作最让人兴奋的是，我可以看到自己的设计方案被造出来。

那时候，大家都抱怨殖民风格的橱柜太老气，所以老板要求我设计一款具有“现代感”的产品。公司让我为一家银行设计柜台，最终的方案非常棒——那次真是过足了瘾。我精心设计款式，在柜体上镶嵌了好几种硬木，台面则用了大理石。我每天盯着工作进展，和工人们一起调整设计方案。安装柜台那天是个大日子，来了不少人，连公司老板也到了现场。我看着卡车载着柜子开过来，马上要运进银行安装了。就在这时候，我突然发现柜体要比银行大门宽一些，柜子根本搬不进去！我的胃里一阵痉挛，几乎要吐了。老板也发现不对劲，立刻让大家停下来。熬到半夜，他们拆掉了银行的前门才把那些柜台搬进去。第二天，虽然我觉得自己一定会被炒鱿鱼，但还是去上班了。我被老板叫进办公室，他说：“小子，客户对柜台挺满意的。但是你以后做设计前，永远，永远别忘了先去量一量大门的尺寸。”这一天，我记住了这个教训。

在我上高中的时候，暑假时也会出去打工。我给测量员打下手，还有承包商、工程师、混凝土模板设计员、制柜工，我在这些人手底下都干过。我去过规模最大的一家建筑公司大约有四十多人，也去过只有一个人的公司。

我也干一些普通的临工，如快餐烹饪、草坪修剪、园林养护、房屋粉刷、挑拣草莓、球童和加油站服务员。

通常，我都身兼数职。白天为建筑师工作一整天，晚上又跑去测量公司工作。

在测量公司我几乎做过所有的差事，包括洗刷子、举标尺、保管仪器、整理书报、绘制图纸。不论是用自己的测量记录，还是用公司其他测量员的数据，我都可以绘制出测量图来。图画得漂亮，能给我带来很大的满足感。一个精心绘制的指北针、标题栏会让我高兴半天。我记得很清楚，每一次作测绘结果分析，都要在一台巨大的机械计算机上演算，假如输入数据时出一点小差错，那台机器就会卡好几个钟头。

我在建筑承包公司的第一份工作是拉混凝土块。我能估算出材料用量并且向客户报价，还可以做设计、画详图。最后，连他们盖的房屋都由我来设计了。

在我去建筑学院之前，已经设计了不少房子，很多已经盖起来了。中学毕业以后我也做过一些自己不太满意的作品。我希望这些建筑全部消失，至少能长点植物把它们遮起来吧。

之后我去了规模更大的建筑事务所。我很快意识到每天都设计一样的建筑细部、画一样的详图将是多无聊的一件事。一家公司整天要我画医院的踢脚线详图和施工图。我向公司反映，要求做些更有挑战性的工作，于是他们让我设计医院的X-射线透视间。那次我倒是掌握了不少关于X射线透视机的知识。这样的工作对我而言还是太局限，我再次抱怨，所以他们让我设计了医院里的教堂。我感到很兴奋，长时间加班（也没拿到加班费）让设计尽可能的完美。当我看到那所教堂建成时，对自己的方案非常骄傲。在那以后，很明显公司里已经没有什么工作能够让我提高，于是便辞了职。

去那种只有一两个人的小公司，是建筑实践的最佳途径。这意味着你可以参与从建筑设计到施工的每个环节。从初步设计开始，我见证了最初的方案在工作过程中所发生的变化。我要通过预算报价选择建筑承包商，最后监理施工过程。对我而言，在每个步骤中都能学到很多东西。

那段日子，我监理了科德角运河（canals on Cape cod）附近的一个大型夏季别墅项目的建设过程。我和一位铲车司机搭伴工作，经常让他用车铲将我举起来，俯瞰整个工地；我们时常改造水道的位置，并在工地上搭了帐篷，晚餐早餐都是就地解决。但正是这次工作的经历，让我意识到了建筑行为毁灭性的一面，很多动物的自然栖息地在这个工程中被毁掉。这是一次让人伤怀的经历——尽管我很在乎沼泽地里的生灵，但我却在那里盖上了房子。

这些工作经历让我获得了实践的教育。去了设计学院之后，我便把以前学到的东西搁在一边，不希望自己在学校中所做的设计受工作经验的影响。我尝试着让自己更有创造性，让设计超越施工建造的繁枝缛节。在罗得岛设计学院时，我做了不少无法建造的方案，没有一个设计构思经过了充分的发掘。

到了做毕业设计的时候，我对当时常见的建筑类型并不感兴趣，不想设计学校、火车站或者是教堂。

相反，我希望用自己的技能为那些从来没接触过建筑师的人们做设计。为了这个目标，我去加拿大新斯科舍省（Nova Scotia）的一个渔村旅行，当地人造的木船相当漂亮。我希望利用当地造船的专业知识与形式语言为这里的人设计新的住宅。我在捕鱼船和造船厂里干活，试图在建筑形式里融入当地人造船的技艺。在那里待了一冬天，虽然冻得够呛，但却了解了那里的人民，了解了他们的需求。当地人对我很友善，为我安排了住处和饮食。

那段日子至今铭刻在我的灵魂与双手之上。

毕业设计开始时，我满载而归，带着很多草图返回了罗得岛设计学院。在朋友的帮助下，我为自己设计的新村庄制作了一个巨大模型。但是学院并不欣赏我的毕业设计。事实上，学院中只有一人支持我的方案，他是我终生的导师。最终我没能通过答辩，感觉自己的学业就这样完了。没过多久，罗得岛设计学院却授予了我学位，还为我提供了一份教职。而且这两件大事发生在同一天，感觉真是太妙了。

五十年之后，我还会在工作中贯彻毕业设计中获得的领悟。我的工作方向极少发生变化。

渔村风景，加拿大新斯科舍省（Nova Scotia）（1962年摄）

“渔村和码头的设计”（1962 年摄）

三 | 初出茅庐

虽然没能从罗得岛设计学院顺利毕业，我还是去波士顿落了脚。但没过多久，我就获得了学位，学校还提供了一个教学职位给我。不管怎样，我希望先工作一年，同时去读研究生。

我在灯塔山（Beacon Hill）背面的桃金娘街租了一间小公寓，房前唯一的开敞空间是一处背靠着山的小园子。在那时候,这样的公寓算是很不错的，当然九十美元的月租也不便宜。我不确定是否能长住下去，要知道以前住在普罗维登斯时，每月房租才二十八块钱。如此一来，每月就要花一大笔钱来租房，而当时我的月收入只有一百美元。真奇怪，现在我的收入比当年多了不少，却很可能住不起这样的公寓了。有趣的是，那时候灯塔山背面的公寓租金并不十分昂贵，而一墙之隔的灯塔街附近却是公认的富人区。

当时大多数人在花园里栽草种花，而我种的是玉米、生菜和大豆。因为这一点，不少人都停下来跟我攀谈，这也算一种促进交流的方式吧。他们有时候会觉得我有点奇怪，但还是表现得相当友善。

人们总能在花园里增进邻里关系，现在更是如此。

那间公寓里有个壁炉，只有一间卧室，厨房也小，却是我和妻子的安乐窝。我们觉得非常幸运。在那里，我们的第一个孩子卡伦降生了。胃病让卡伦难以入睡，她在我温暖的双腿上才能入眠，因此我常常整夜抱着孩子工作。有时候我忘了自己还抱着小孩，动作稍大就惊扰了她，哭闹不止。唯一让她安静下来的办法，就是半夜开着我的莫里斯敞篷小车带她去兜风。等她安稳下来，我就回家继续干活。当然,这样就睡不了多长时间，因为白天我也要工作。在学校的时候，我就已经习惯了这样连轴转。

那段时期，我在波士顿市政府重建局上班，那里位于学院路的老市政厅旁，离我的家很近，中午回家吃午餐也来得及。

我在重建局的工作令人兴奋。政府招募了一个青年设计师团队来重新规划设计波士顿。尽管我们尽了最大的努力不去重蹈覆辙，波士顿的城市更新事业在那段时期还是麻烦不断。

我负责设计波士顿南端的部分。我提出的方案是保留当地居民的住宅，提升社区基础设施。

我在设计方案里为街区配备了卫生设施、日间护理中心,利用业主闲置不用的花园形成公共园地，取代原本带后院的社区中心。我所设想的社区，每个街区配备了不同的公共设施，但总体上类似于一个小村庄。我为了这个项目夜以继日地工作。在项目初期，曾花了很长时间在波士顿南端行走调研。

我发现，这里的居民虽然经济贫困，但却富于社区精神。

不久之后我进入哈佛大学，同时保留了在波士顿重建局的工作，每天坐地铁来回跑。早上先去哈佛大学上课，然后坐地铁赶回波士顿在重建局工作几小时，之后再回到哈佛大学设计研究生院的工作室。下午五点，工作室中的大多数人才刚刚开工，从傍晚一直干到深夜。所有人都全身心投入工作，熬三天不睡觉简直是家常便饭。

等到我从哈佛大学毕业，并且拿到建筑与城市规划硕士学位之后，就想为低收入者做一些住宅。为此，我去一些南美洲的国家游历，寻求能够设计住宅的工作机会。在哈佛设计研究生院学习的感觉很不错，但那里并没有教会我如何为全世界的普罗大众设计住房。

在哈佛大学与同窗们一起度过的那段日子，对我来说非常特别。来自世界各地的同学们结为团体，听从哈佛大学的名师教诲。我们的老师包括槙文彦、乔斯·塞特、杰奎琳·蒂里特（Jaqueline Tyrwhitt）与泽西·索尔坦（Jersey Soltan）。暑假期间，我和其他三位同学在槙文彦的指导下，做了一项关于波士顿的专项研究。在这项工作中我们团结一致，写出一本名为《城市中的运转系统》的小册子，在书中描绘了未来城市的景象。

我希望向那些最需要我技能的人们分享自己的知识。我去过南美洲不少国家与城市，那里至今还有成千上万的人居住条件十分恶劣，急需援助。我去过的每个城市中，都能看到条件低劣的悲凉社区。与此同时，那里面的居民却又生性乐观。他们的生活贫瘠，但精神富足。各地的情况大致相同，人们在不属于自己的贫瘠土地上建造房屋，用的是从垃圾场里找出来的废旧材料。他们缺乏生活基础设施，没有自来水、排水管道，也没有供电系统。屋顶漏雨、人满为患的房屋还经常被飓风、地震等自然灾害摧毁。

他们生活在社会边缘。

我发现政府既没有兴趣改变现状，也没有资金建更好的住宅。我也发现，很多建筑师对这些令人困扰的问题甚至根本提不起兴趣。他们只想着设计大型建筑。顶级的建筑师，只对设计标志性建筑感兴趣，我们能从建筑杂志的封皮上看到它们。有不少人认为，穷人活该住在自己的窝棚里，要住好房子那就得努力干活。这样的观念在今天依然盛行，真是太不幸了。

通过这次旅行，我明白了问题的严重性。此前我只是有所耳闻，还没有意识到贫困已经侵袭了世界各地。

那些被遗忘的人，每天倾尽全力只是为了继续生存。

这可真是悲伤。

在返回波士顿之前，我在波多黎各的圣胡安（San Juan）停留下来，波多黎各是一个自由联邦，而非美国的一个州。

波多黎各是美国的殖民地。这里的居民没有权利在大选举中投票，但可以参加国会选举。1950年以前，波多黎各总督由美国直接任命，现在则在公民中选举产生。波多黎各人可以在美军服役，越

Movement Systems in the City

by FUMIHIKO MAKI
with MARIO COREA
EDUARDO LOZANO
GUSTAVO MUNIZAGA
IAN WAMPLER

In spite of the recently emerging interest in the art and science of urban design, there have only been sporadic attempts to establish a methodology of the design tools essential to organizing both existing cities and those of the future. Without this basic vocabulary we have no systematic approach to organizing a framework for human habitat. The scale and complexity of contemporary events, as well as the enormity of those contemplated in the future, make the recognition of this need imperative to the very survival of our cities.

Within this concern it is the urban designer who must seek to establish three-dimensional spaces, precipitated by the events and activities of urban life, and viable in time sequences. The operation of the urban designer thus depends primarily on understanding those forces which exist, and among them recognizing and giving definition to those that hold meaning for the future. Without this understanding urban design becomes meaningless, and proceeds in terms unrelated to the underlying structure of society. At the same time, if urban design in satisfying utilitarian concerns ignores the human condition, the process becomes equally meaningless. The final result must be concerned with the human activity of the city.

This study is the outcome of ideas and projects developed in the Urban Design studio at Har-

Model of Open-Ended System

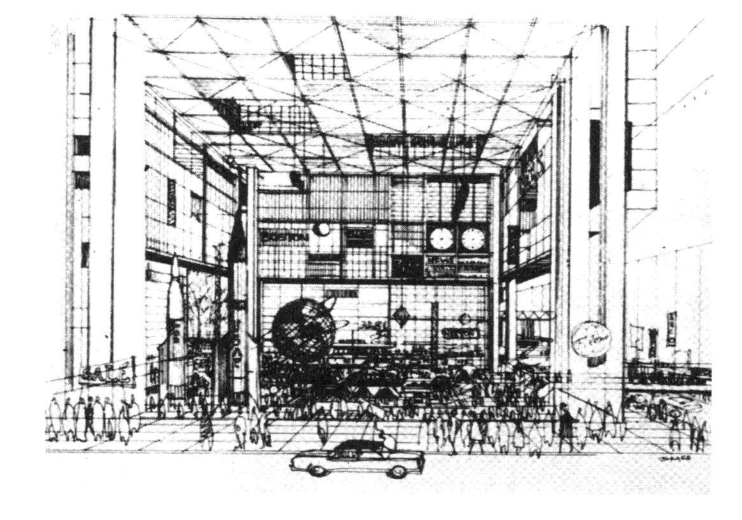

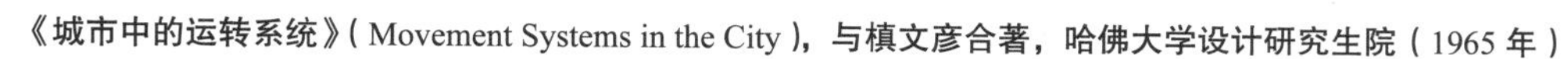

《城市中的运转系统》（Movement Systems in the City），与槙文彦合著，哈佛大学设计研究生院（1965 年）

战时期的服役比率甚至超过美国本土各州。

我发现这里同其他南美国家一样，都面临住房的难题，很多居民都居住在棚户区里。不同的是，美国与波多黎各都有意愿，同时也愿意投资改变贫民的居住困局。

在乔斯·塞特的帮助下，没过多久我就在政府机构里找到了一份工作，这个机构致力于帮助那些被遗忘的居民。在当时，城市重建与住房公司（Agencia de Renovación Urbana y Vivienda）与市区重建与住房部（Corporación de Renovación Urbana y Vivienda）都负责改善当地人的居住条件。

我是这里雇佣的第一位建筑师。很快，我就发现自己可以指挥一大班人马了。也许，对于那个职位而言，我当时还是有点儿年轻。我做了三年的规划工作室主任，为波多黎各各地设计住宅与社区。

我的第一项工作是为拉佩拉（La Perla）——一个被称作"珍珠"的地方设计住宅。拉佩拉位于圣胡安老城宏伟的城墙外，我住在那附近的一栋老旧西班牙式建筑里。政府想把这边的人迁移到距离老城十英里外的高层住宅区。这儿的居民干的都是底层工作：他们洗碗、擦鞋、卖劳力甚至做妓女，而这些营生全都仰仗着老城区的人气。

政府人员觉得那地方不太安全，告诫我不要单独过去，读一读报告材料就行了。对各种报告可得留个心眼，里面不会写多少真实情况。其实，用那些汇报文件来给花园压地膜却挺好的，这样野草就长不起来了。

此外他们还建议，如果我非要过去，最好带上警察——这跟我的想法正好完全相反。

每个周末，我和女儿卡伦都要去拉佩拉转一转，在小店里买点东西，打几把桌球，跟人们聊聊天。卡伦很招人喜欢，别人总是送小花给她。她在老城区上学，学校用西班牙语教课，因此她说得比我灵光，能和别人对话。我没有上过一天语言班，只靠听拉佩拉居民讲的方言土话，竟然也慢慢学了些西班牙语。渐渐地，我跟这里的家庭相熟起来，了解了他们的生活方式和困难。人们其实挺乐意住在这里，不但能在老城区附近找到工作，这里的社区团体组织得也很得力，大伙根本不想搬出去。

人们养的鸡和猪在街上乱跑，要分清楚不容易。但很明显，大家都明白哪一只是谁家养的。

虽然居民自得其乐，但这里的确急需基础设施，包括自来水、排污管道、供电线路和其他公共设施。

因此我的第一个想法就是保留房屋的现状不变。在此基础上，通自来水、铺排污管道、架电线，再修建一些公共建筑。我设计了一个方案，在不扰乱居民和房屋现状的前提下尽量改善生活设施。我认为拉贝拉充满生机，希望留住当地人的精神。我觉得那里是个健康的定居点，居民都很乐观，根本不是贫民窟。

政府却不喜欢我的主意。相反，他们想要铲平

波多黎各的圣胡安老城（Old San Juan, Puerto Rico），《印第安法案》（Law of the Indies）影响了这里的城市规划和建筑布局，还包括街道和公园的布置（1966 年摄）

拉佩拉，在老城区旁边扩出来一片干净卫生的地方来吸引观光客。全世界的城市都想要吸引游客，却在这个过程中逐渐迷失了自己的身份。尽管城市收入增加了，但就此引发的问题接踵而至，比如造成居民吸毒与滥赌的问题，他们却管这叫“挣干净钱”。要我说，这些都是“黑心钱”。本地居民很少能从旅游业中受益，恰恰相反，宾馆和饭店的老板全都是外地人，他们雇佣本地人干些毫无意义的事，那种工作里不存在任何能使人进步的机会。在将旅游业作为支柱产业的地方，这样的情形愈演愈烈，当地的居民都深受其害。

政府想把拉佩拉的居民搬迁到十英里外，把他们塞进高层住宅楼里。但是人们的营生都靠着旁边的老城区，他们饲养的鸡和猪也安于现状。

我的第二个思路，是在老城区附近一个叫拉蓬蒂亚（La Punticla）的地方修建结构和设施。这里原本坐落着兵工厂、监狱和仓库，正好在老城区对面，离居民工作的地方也不远。我想让他们能够保留自己养的鸡和猪，同时也能留一些地方种食物。我还建议将监狱改造为学校，在里面教授基本的建筑技能，居民通过学习便可以自建住宅，日后还能够通过这门手艺获得收入。

要解决贫民区问题，不能只是盖房子。这道理到哪都一样。更重要的问题是如何为急需收入的人们提供工作岗位。

这就是我从学校毕业以后做的第一个建筑项目，从各方面而言，此后三年的旅程都是令人激动的。在那里，我发掘出一种建造住宅的新思路——不用全部新建，只提供最基本的设施和结构体，之后让居民自行在构筑体中建造，就如同鸟儿在我们提供的鸟舍里筑巢。我甚至设想，居民可以拆除自己的旧房子，带着原有的材料，浩浩荡荡地穿越旧城区，到新构筑体里边重建家园。思路很清楚,但日子很难熬。我试着说服政府部门，让他们明白这个设想是切实可行的。但此时此刻的圣胡安市并不是真的想建造居住项目，他们希望住在拉佩拉的居民最好能消失，不要玷污了旧城区的美景。

对我而言，这也是一个激动人心的时代——这里是我一生工作的起始。

在这之后，我在波多黎各岛上四处工作，努力为不同的城镇和社区提高生活水平。人们都需要体面的住房，看起来没什么能够限制这种意愿。

我曾在波多黎各西海岸阿瓜迪亚（Aguadilla）的一个地方工作过。有四十万人居住在老城区附近的山坡上。美国在这里修建空军机场的时候，很多人过来干活，挣了不少钱。然而，机场竣工之后，他们失去了营生的手段。大部分人已经卖掉了自己在山上的房子，用得来的一点儿钱勉强糊口。

我常常走访附近的居民区，试着了解当地人的需求。当我调研时，女儿就和其他小孩一起玩耍。

每次去那边，都有一群小孩子来迎接我，跟着我到处跑，没过多久他们就变成了我的好朋友。

有一天我发现孩子们没有出现。有人告诉我，一个小孩去世了。他们家搬到了别的城市。我不知道，为什么会变成这样。

我出离愤怒了。在某种程度上，我的祖国——美国，应该为这个女孩子的死亡负责。那一刻，我变得更具政治性、更反战，希望波多黎各能够独立。

在波多黎各工作三年之后，我决定返回美国。利用这里的优势，我或许可以更好地帮助世界。

拉佩拉的海岸，位于波多黎各的圣胡安，1966 年摄

无知时刻

躺在沙滩上，
我看着三个女人，
身披乌黑与纯白，
在水边游荡。
搜寻海中的生灵。

她们停下来捉弄，
一只搁了浅的海胆。
它还一息尚存，
她们就用棍戳，
用棒捶。
迷了路的海胆，
命陨沙滩。

她们继续前行。
　　银色的十字架，
　　在阳光下跳舞。

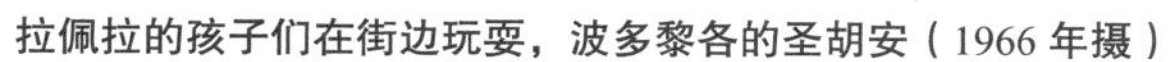

拉佩拉的孩子们在街边玩耍，波多黎各的圣胡安（1966 年摄）

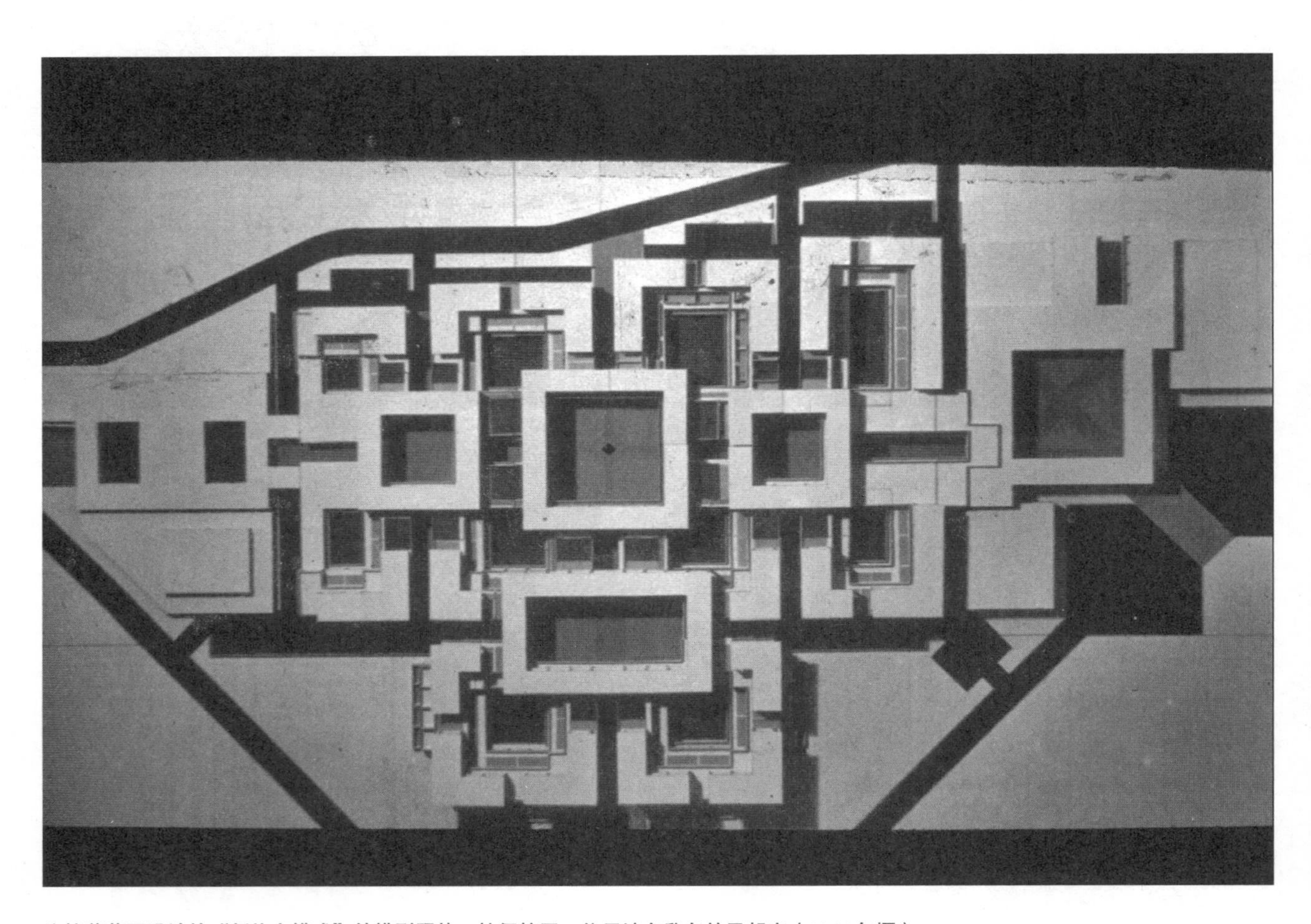

为拉蓬蒂亚设计的“新住宅模式”的模型照片，拉佩拉区，位于波多黎各的圣胡安（1966 年摄）

独自生活

他们活在上城的富人
遗弃的垃圾里。
　　随着波浪，
　　来回摆动，
　　瓶子，袋子，污物，
　　在海面漂浮。

他们喝不上干净水，
只好吞咽上城里
淌出来的
　　肮脏，多病，灰色的
　　污水。

与上城相比，
他们的房屋狭小，
　　闷热拥挤。
　　他们住一间房，
　　用报纸糊住
　　四面墙壁。

他们与危险的风暴
共枕同眠。
而年轻的美国孩子
戏水冲浪。

　　狂风将暴怒倾泻，
　　一眨眼，
　　家园就灰飞烟灭。

但他们依着想象
和耐力，
再次重建了家乡。
　　他们的能力胜于上城的人。
　　富人们缺的是
　　　生存的技能。
　　穷人们却明白
　　　生活的门道。

拉蓬蒂亚改建方案插图，包括平面图与主体结构框架，以及居民自建的公共设施（1966 年）

回国后我非常需要一份工作，有人问我是否对波士顿正在申办的世博会感兴趣，他们需要人来画一些世博场馆的效果图。

1976年，这个国家希望以举办世界博览会的方式，庆祝独立宣言发布200周年。这种活动，其实就是爱国主义纪念品展销会。放点焰火，毫无意义地表演一下历史事件，这种事如何能与两百年前为国捐躯的儿女相提并论！

大多数的博览会，不过是造价昂贵的游乐场，在土地上留下疤痕，这种态度当前还很盛行。当然也有一些，比如1851年在水晶宫举办的伦敦世界博览会，就对建筑产生了持续的影响，同时展示出技术将如何改变这个世界。

1964-1965年的纽约世界博览会（New York Worlds Fair），简直是一次乱七八糟的狂欢节。各个国家和工业巨头们修建了形如汽车、橡胶轮胎、火箭飞船的展馆，却对严重的生态问题视而不见。当时美国正在经历严峻的城市危机，数百万人受到了影响。人民的基本需求被忽视，却耗资数十亿美元办了一个大派对。

我不解风情地问了这样一个问题：我们这个时代最大的挑战与机遇是什么？

在南美洲，我经历了全球城市化的深层次问题，包括生活必需品的供给、住房短缺、学校与医疗设施的匮乏。回国后，我有了更大的志向。

波士顿申报的世博会主题是“相互依赖”，其本身就提供了一个框架，通过三种方式调配我们的资源。第一种方式就是主题本身，以人与人的相互依赖切入并协调城市问题的研究；第二种方式，是创立一个城市试验区来测试创新性的解决方法；第三种则以一个全新的社区来展示所有生命的潜能，并将其实体部分建在波士顿的中心区域。

来参观博览会的游客，将亲自住进展区，把孩子送到新型学校中，整个展会期间都住在这里。这将引领一种全新的城市居住观念，之后的几年中，对于这次实验的研究会逐步显现出成果。

不再无辜

我为千万人的
眼泪而哭号。
　　众人的苦难，
　　我感同身受。
　　恸失所爱，
　　切肤之痛！

我高声怒吼！
真理何在！
　　这世界的物产丰饶，
　　世道却不公！

我看到那么多张，
艰辛的面容。
　　为何朱门酒肉，
　　他们却把苦受。

白色的月光，
映上了女儿的面庞。
　　我低声说，
　　你的小朋友死了。
　　这究竟是因为什么？
　　谁又知道。

我在女儿的床旁啜泣。
　　她的小朋友故去了，
　　我的无辜也逝去了。

我对国家的信赖，
　　也从此消逝，
　　永不再回。

小广场上的公共取水口，波多黎各阿瓜迪亚。我每次散步时，孩子们总是跟随着我（1966 年摄）

为国际博览会办公室所做的“医学研究馆”设计图，场馆内正在举行的是以“相互依赖”为主题的 200 周年纪念展会，意图通过新的城市设计来处理和解决世界性贫困问题，波士顿，马萨诸塞州（1967 年）

落差

幸福的孩子，
从幸福中醒来。
　　玩耍，上学，
　　享受一整天，
　　新奇的生活。
不幸的孩子，
从不幸中醒来。
　　他能有口吃的吗？
　　身子骨病着，
　　加班干活，
　　却是生计所迫。

而我们生活的世界，
人们天差地别。
　　有一些人在上，
　　被大多数人仰望。
这责任在我们肩上，
　　让所有孩子的世界，
　　变成更美好的地方。

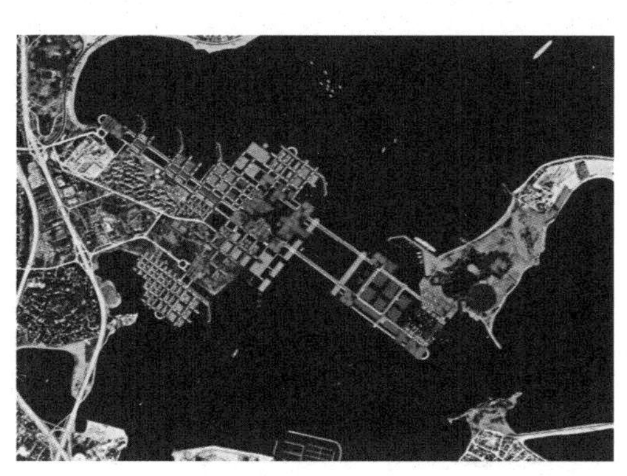

EXPOSITION AREAS

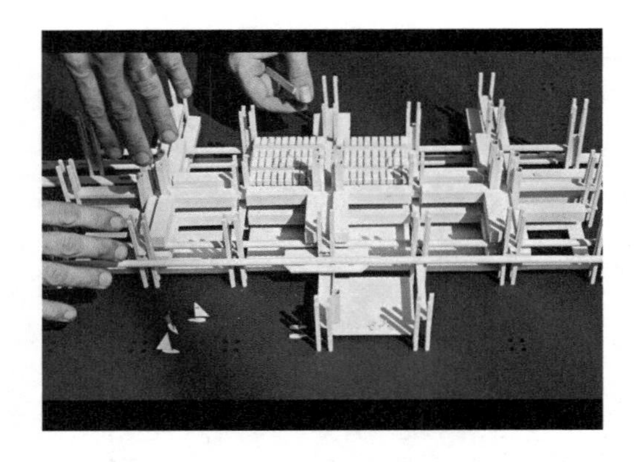

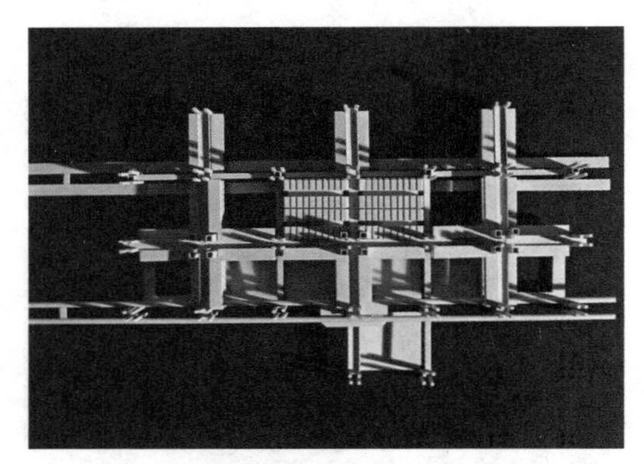

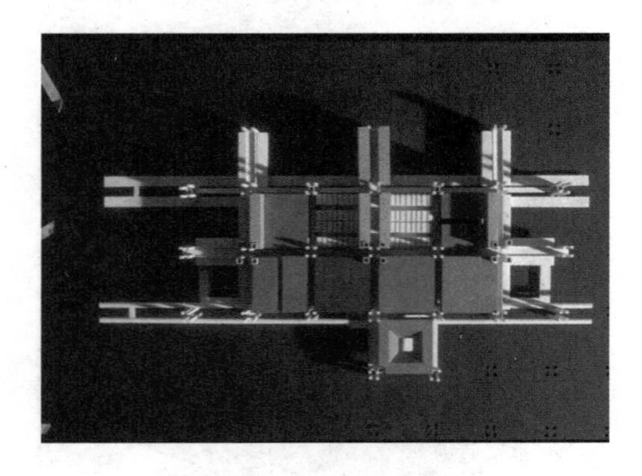

1976 年国际博览会方案

第一列，意向性地表达世界面临的问题；第二列，计划在世博会及之后一段时间内，以港口为基础，建立一个新的城市，1967 年作；第三列，为博览会建造的基础性结构框架，在其上安排未来的房屋与设施；第四列，1976 年世博会概念图，1967 年作了解更多信息，请参见：http://www.mascontext.com/issues/18-improbable-summer-13/futures-expo-boston-76/

（图片由简·万普勒、平面设计小组成员等提供）

波士顿国际博览会的首要目的，是为解决世界面临的重大问题提供一种研究工具。与会者首先提出解决方案，之后将方案放进新建社区内的城市试验区试行检验。

这是一份赠给世界的礼物，在未来的几年内全世界都会从这次博览会的实践中受益。

我和一个年轻的设计团队一起（1960 年代末流行的说法是，别相信任何三十岁以上的人），为了完成工作夜以继日地干活。我们的成果与其他方案一起被送至华盛顿评议，并且最终被评为备选方案之一。

然而，由于美国本土与国际事件的影响，1976 年世界博览会的计划没有被批准。越战还在继续，国内问题突出，这似乎并不是搞庆典的好时机。

事实恰恰相反。害怕的总会发生，确实是这样。那年放了不少焰火礼花，纪念碑上的鸟粪清洗得干干净净，国旗随风飘扬，全国各地都在搞庆典来歌颂伟大的美国。太遗憾了。

对我自己而言，大失所望。

对全世界而言，则是更大的损失。

权衡

有些人爱慕的是，
华丽的霓裳；
　　还有些人，
　　只希望衣能遮体，
　　把寒风挡。

有些人惦记的是，
美味的珍馐，
宴会忙。
　　还有些人，
　　只是巴望着
　　一碗热汤。

有些人钟爱那，
富丽堂皇大屋房；
　　还有些人，
　　只想有个地方遮风避雨，
　　别无奢望。

我们怎能，
只顾自己生活，
　　对这落差视而不见？
　　他们的问题，
　　也是我们的问题。

四 | 平凡小事

国际博览会的设计方案没有获得批准，三年的工作付诸东流，令人十分沮丧。我开始将注意力转向帮助波士顿周边的社区。我的理由是，如果不能从宏观角度解决城市和社会面临的紧迫问题，那么至少可以从一个较小的规模入手，首先提升波士顿范围内的市民生活水平。此后一年中，我和同事们一道为波士顿设计建造了运动场、日托中心、小型社区学校、小公园，以及其他一些能够帮助居民提升生活水平的小型建筑。

那时候，我们反对越南战争，经常游行，参与了好几个反战的团体。我们的诉求非常简单，那就是停战。我们力图为少数群体争取关注，为了同性恋者、非洲裔美国人以及老年人与妇女的权利而发声。

有一次，我们组织了政府雇员在市政厅广场抗议游行，那是第一次有政府人员参与的抗议活动。有人威胁要让我丢掉工作，这实在是难以承受的代价，但我们说干就干。数百名妇女加入游行，因为她们不愿看到自己的子女被送到前线打仗。警察早已恭候多时，等着逮捕我们。当看到人群中有不少妇女时，却开始退却了，他们也不想逮捕女人。最终警察撤离了。游行的人群一路涌进波士顿公园，女人们走在队伍中间，黑豹党（Black Panthers）[1]则在队伍的外围保护大家。

那是一段艰难的岁月，但也正是那时的奋斗，帮助奠定了我们今天所享有权利的基础。

也就在那时候，我开了一间小事务所，第一次独立执业。当时哈佛广场旁边有一个汽车站，我租下了那栋建筑的一部分，对面就是查尔斯酒店。那时的哈佛广场还不像现在这样发达，那一带很多楼房里面都是空荡荡的。

事务所的办公时间是每天晚上和周末。周五晚上八点到十二点、周六全天、周日的下午二点到六点是我们的营业时间。除此以外我们整天都忙着做其他工作。我的事务所只有三位员工。

事务所赚取客户支付的佣金，同时也乐意为没有钱的人们设计房子。通常这种工作都是免费的，当然也接受实物支付。有次我们为一位果农设计了移动住宅，收到的报酬是苹果和苹果酒。还有一次，我们甚至免费为一间屋子设计了向南的卫生间。基本上，从富人那里挣到的钱都贴在贫穷客户的身上。没有几个人会选择这种方式来工作，这段经历却也算是我们为人民而建造的起点。

这份工作虽然挣钱很少，却依然值得去做。

在波士顿，不少街坊社区找我们帮过忙，我们在很多地方干过活。哪里邀请了，就去哪里工作。在这个过程中能碰到各种各样的人，首先要做设计，然后施工建设，最后便是享受工作成果了。

我们齐心协力，努力帮助那些无法奢求雇佣建筑师的人，让他们能够拥有更美好的生活。

[1] 黑豹党是一个由美国黑人构成的左翼激进政党，成立于1966年，坚持武装自卫和社区自治。黑豹党试图在美国黑人基层社区中发起社会主义革命。——译者注

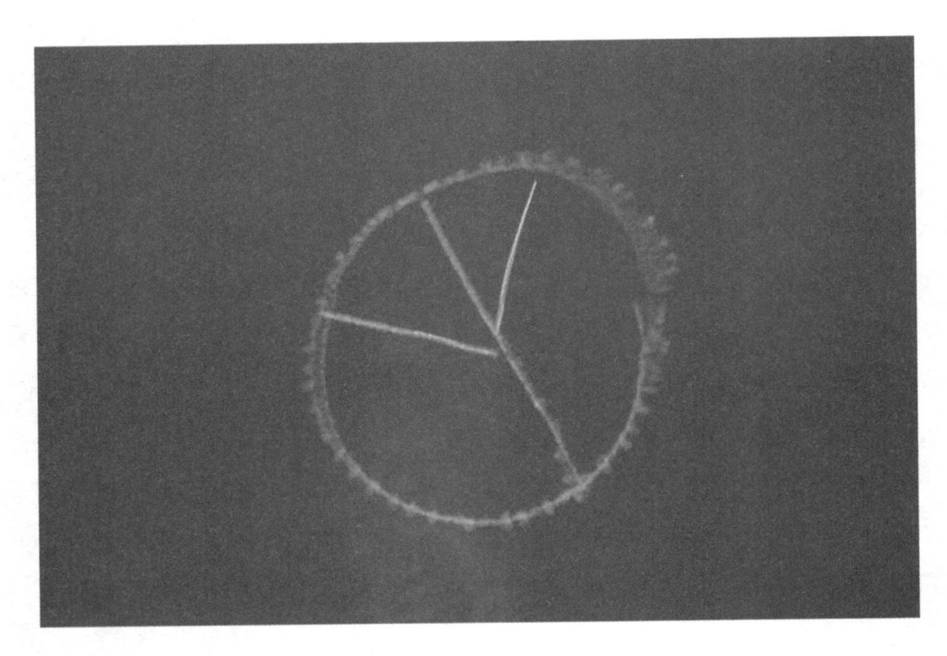

反越战游行中，出现在波士顿公园上空的和平符号（1969 年摄）

市民在波士顿公园游行示威，波士顿环球报拍摄的航空照片（1969 年摄）

干了一整天力气活，大家都很累了。但是看到已经完成的工作，大伙就精神高涨。这就是建筑最好的状态——在建造过程中，我们经常将模型与图纸废掉——实际落成的项目与刚开始的设想总是不同的。

服务于人民的建筑，源自于人民自己的双手。

社区建筑项目（Community architecture project）的照片与模型（摄于 1969 至 1970 年）
a. 哈佛联合日间护理中心（Harvard Cooperative Day Care Center）的游戏设施；b. 位于马萨诸塞州剑桥的日间护理中心；
c. 从左至右：哈佛大学联合日间护理中心的游乐设施；仓库学校的模型，沃特敦，马萨诸塞州（Watertown，MA）；
d. 我们搭建的游乐场，布罗姆利—希思住房项目（Bromely-Heath Housing project）；
e. 左图和右图是供学生玩耍的独立空间，中间是为几个同学做的小设计

走过的风景

旅途中穿过，

荒城的风景，

诸神已将那里

　　挣扎求生的人遗忘。

请你记住，

人们总是知晓，

关乎于

　　爱与生活，

　　生命与死亡的永恒真谛。

收回悲伤的泪，

紧抱住破晓的朝阳，

紧紧相拥，

　　新的一天破壳而出。

往昔的纪念碑

如果你要去旅行，
去看看那些纪念碑吧。
往昔的见证：
教堂，
金字塔，
王宫，
壮阔的罗马废墟。
所有的纪念物，
包括我们的大教堂。

你可知道，
是不计其数的
苦命人，
是躬着身的奴隶们，
建造了它。
为那财主，
为那集权者，
宗教的裁判者。

多少人劳苦修建，
只为他们欣赏与纪念！

我们当真应该
感激和接受，
这些建筑丰碑吗？
它们劳民伤财，
甚至将人们变为奴隶。

美轮美奂的建筑，
是赖着对普通人的盘剥。

慈爱的手

慈爱的手儿轻抚，
通过视觉，
　　充溢空间之隙。
那是难以言表的爱意。

慈爱的手儿轻抚，
牵住那只，
　　新生的小手。
那是对新生命的爱意。

慈爱的手儿轻抚，
缓缓触摸，
　　温热柔软的小猫。
那是对它类的爱意。

夜晚在低语，
那是对每一个人的
拳拳心意。

慈爱的手，
伸向渴望爱的人们，
不论他近在眼前，
还是住在遥远的天边。

用慈爱的手和思想，
帮助需要的人。
扶危救困，
　　这就是我们
　　全部的目标。

御用建筑师

在很久以前的从前，
在遥远之地的他乡，
有位御用建筑师，
专为国王，
设计纪念碑，
和神堂。
这御用的建筑师，
为他的国王，
修造的建筑真漂亮。
穷苦的百姓们，
却居无定所没住房。
国王不在意，
御用建筑师也未曾质疑，
　　国王的战争，
　　国王的权术，
　　国王的金钱。
他只是一位，
独善其身的技术专家。

不久前的现代，
不远处的所在，
有些这样的人，
他们设计
　　银行，
　　写字楼，
政府的大会堂。
他们也被称为，
御用建筑师。
此时土地上的人民，
却没有住宅，
　　学校，
　　卫生院，
　　社区中心。
建筑师常常相聚，
举行会议，
研讨审美和建筑的专业性，
却从来不过问
　　政治，
　　战争，
　　和贫民。

他们也是独善其身的，
技术专家。

我们的会议

今晚在这片土地，

人们相聚。

在地下室，

在教堂里，

在社区中心，

和住宅里。

我们的声音该被听到，

盖过了专家权威

和达官显贵，

高声唱的和谐曲调。

他们自以为通晓，

如何扶贫助困，

却只会指手画脚。

时候已到。

现在谁都有权发表，

因为我们的生活，

只有自己明了。

思想与双手

从深深午夜，
争论到朝阳升起，
我们见面商讨，
新的利国之道。
又是辩论，
　　又是争吵，
谁的道理牢靠，
这累人的夜晚，
　　变得无聊。

第二天一早，
我们将操场建造。
　　一位支撑，
板材木料。
　　另外一位，
扯着锯条。
这时不用争辩，
谁的道理牢靠。
　　我们工作，
助人为乐，
　　多姿多彩，
空间之隙塑造。

就这样，我们建造。
　　总是关乎，
　　　空间间隙的，
丰富营造。

我们的工作

世界各地，
有很多人，
　　从未见过一位
　　建筑师。
　　就算他知道，
　　建筑师专事建造。

行居简陋的人们啊。
尽其所有，
东拼西凑，
烂木头，破塑料，
纸箱板，碎玻璃，
金属零件也用到。

他们建的家园，
　　顾不得健康指标，
　　尽管全世界全都知道，
　　这笔财富的重要。

责无旁贷，
我们伸出援手，
　　因为他们一无所有。
我们的工作不是树立，
权力和金钱的纪念碑，
　　而是让一切被铭记。
我们不眠不休，
除非天下寒士，
住进健康体面的，
栖身之所。
　　特权者的幸福，
　　大家都该享受得到。

这就是我们的工作。
必会豪情万丈！

一起来吧，
时不我待！

五 | 实践 学习 教育

迁居到牙买加平原（Jamaica plain）[1] 后，我开设了自己的第二家建筑事务所，工作地点距离我家非常近。每天早晨，我会端着一杯咖啡走过广场，步行一小段距离后，就到了办公室。我的事务所专为街坊邻居做设计，对任何委托任务我都来者不拒。就像“家庭医生”[2] 在普通家庭中扮演的角色那样，我成了邻居们的“家庭建筑师”。我们的业务范围很广泛，包括小住宅设计、老年公寓设计、艺术家住宅设计、室内环境设计、住房翻新扩建等，装修房子的活我们也接。工作无论规模大小，都有它的意义。

我认为，与建筑的规模相比，应对工作的方法和途径更为重要。我在琢磨微小的细节时所获得的满足感，一点也不逊于设计一项大工程。

我从不拒绝任何项目，尝试着挑战各种建筑工作。在设计过程中，我与客户紧密协作，经常会在工程开始前为他们讲一些设计的入门知识。我会邀请客户们按照自己的想法做一些设计，然后从他们的设计作品中找到方向并开始工作。

施工阶段总是最令人兴奋的，不过有时也会让我感到紧张。混凝土浇筑完毕后，拆除模板的过程总会让人捏一把汗，有可能遇到各种意料之外的惊喜。

看着一座房子添砖加瓦、逐渐成形，那真是一种美妙的体会。阳光与空气穿透尚未成形的结构，空间与场所的形状便由此创生了。每当房屋被隔断和壁板封闭起来，我总是有一点难过——房子一旦建成，就失去了原先的灵气，空间就变成了墙壁的俘虏。不管我如何努力，尝试着让空间的转换尽可能柔和，室内空间就是室内空间，室外空间依然处在室外。

我总能和客户交上朋友，彼此支持。一般而言，设计师与施工单位的关系都比较紧张，而我却能够与他们建立良好的关系。我们更像是一个协力合作的团体，共同努力，让设计作品尽可能地漂亮起来。

有不少过去的客户会邀请我共进晚餐，我们就在我曾经设计的餐厅里吃饭。用餐的时候，我的目光在空间中游弋，关注每一个细节。聚会结束时，我便会建议业主再雇佣我一次，完善以前的设计作品。

这种事还真发生过好几次。

设计永不会终止。在作品建好以前，我们无法准确预知它将会变成什么样。即便目前已经可以通过电脑程序预演空间，但真实情况往往截然不同。有时能得到意想不到的惊喜，而有时候也会偏离预测。

我与客户建立了密切的联系，同时充分发挥自己的专业技能，得到了客户们的赞赏。每次项目竣工之后，我都会专门为客户设计并制作一个彩色玻

[1] 牙买加平原，位于美国马萨诸塞州，波士顿附近。——译者注

[2] 家庭医生，指受过专门的医疗训练，可以照料一家人全部健康问题的全科医生。——译者注

璃艺术品，安放在他们的住宅中。

我把这份礼物赠给客户，并以这种方式，纪念自己漫长的设计与建设工作。这也是我用自己的双手创造的一份心意。

我在参与建筑实践的同时，也开始了自己的教师生涯。麻省理工学院邀请我承担一学期的教学工作，我欣然允诺，而此前我从没想过自己会去做教师。那个学期结束后，我再次接受了学校的邀请，又教了一年设计课程，并开始逐渐摸索教书育人之道。我喜欢与学生一同工作，在传授知识的同时，逐步明确了教学的思路。我在课程中引导学生探索形体与结构，激发他们的创造性思维。教学像是精妙的舞蹈，不但要为学生提供正确的知识框架，同时还要留出独立思考的空间。必须让学生发出自己的声音。年轻教师常常会习惯性地把自己所学的知识照搬给学生，或者让学生模仿自己的设计套路。这两种做法都是片面的，几乎没有在教学中为学生留下任何余地。传授技能绝不是教育的本质，尽管有时候需要用一些技巧，但更重要的是启发学生去动脑筋，去思考那些之前从没想过的问题。这一点才是教育的目的，更代表着未来的希望。

过了几年，麻省理工学院告诉我，要么接受他们提供给我的终身教授职位，要么走人。看来我必须要做选择了，这真让人有点儿挠头。起初，我打算放弃这个机会，但最终还是没有舍得辞职。在美国，有多少老师都盼望着终身教职啊。

我决定试一试,努力发表论文满足校方的要求，同时为已经完成的设计作品争取奖项，并且开始写自己的第一本著作,书名是《他们所有的一切》(All Their Own)。这本书的写作过程非常令人激动，我又开始了自己的旅程，并数次横穿美国。

创造

我听到锤在敲打，
锯在拉扯。
在初升的晨光中，
为生活建造，
一处爱与友谊的小窝。

我听到木工和泥瓦匠，
交谈的话语。
在夕阳的余晖下，
他们在建造
心灵的居所。

简·万普勒的建筑师事务所与办公室。一共有四层开放空间，包含了每位设计师的单独工作区（1975年至今）

上排，简·万普勒的工作区域；下排，公共大厅与展览区域

在美国，人们自己动手修建住宅一度是很常见的事情。人们在大地上铭刻自己的印记，代代相传，一切都自然而然。建造者常常会在建造的过程中融入自己的人生体验，抒情表意。人们会留下一些痕迹，也许在壁炉上刻下缩写字母，一个日期或是一个简单的名字，但无可忽视——那就是建造者的印记。

家园，是永久的依赖，关乎一个人的改变与成长，那是多年的经营和照料，将由一代人托付给下一代人。

第一代人，怀着爱与希望在院子里种下的苹果树，由他们的孩子收获了果实，又经由孙辈的双手修枝剪叶。农场的田地越来越丰饶，石墙、栅栏和附属建筑也逐步建造起来了；无论是劳作了一整天或是外出旅行一年，人们总会回家。那是属于自己的一席之地。而如今，我们对家的感觉却完全不一样了。也有人希望在家里留下一些自己的印记，这不能说不可能，但的确非常困难。在一个国民经常迁移的国家里，盖房子不会考虑得太久远，更别提营造一个充满个性的家园了。

从美国社会的方方面面中可以看到，人们已经和自己居住的场地失去了联系。这导致了接连不断的损失：我们失去了自己动手的信心，不敢建造，甚至不敢设想。慢慢地，我们心安理得地依靠别人来解决自己的问题，现在终于发现，大家连最简单的活也做不来了，更别提做些独特的事情来彰显个性。

人们经由自己的梦想，设计、装点或是建造一栋住宅，并对周围的环境产生影响。他们的建造并不是基于现代或古代的形式表现，而是关乎人的意愿。他们的方式令我着迷。正是基于这样的信念，我游历了整个美国，去看人们建造的建筑，听他们诉说建筑的故事。

我遍寻美国各地，找到很多人们在周围环境中留下了自己印记的案例。

我发现，很多人在建造住宅或塑造场所的过程中表现出自己的爱意：在潮湿的混凝土上印下孩子或宠物的脚印；路边树立的简单邮箱上，也能发现主人留下的痕迹。一排栅栏，一扇门，一处门廊，或是一面特意以爱心装点的窗户，都是经由回忆织造的作品。各地的人民通过建筑大声呼喊，以建造抒怀，创生了丰富多彩的形式。

起始

建造始于孩子们，
在庭院中的游戏。
他们摆弄身边的东西，
小孩幻想中的世界，
由木块，毛毯，
丢弃的物件填充起，
　　搭起了自己的一席之地。

台面上，桌椅旁，
几个香水瓶，
还有旧照片，
火柴盒，
戏院的门票，
藏起来的石头块，
它们都会讲故事，
诉说自己的由来，
低声吟唱生活的回音。

我们总须安置，
　　自己的一席之地。

但是今天，
　　却已很难再栽种，
　　一棵普通苹果树。
　　它本可以为孩子
　　结出果实，
　　为儿孙
　　挡风遮荫。

现在我们已束手无策，
　　无法安置一席之地。

这些人们知道自己是谁，明白自己想要什么，同样明白能为自己做些什么。其中既有青年也有老人，他们没有资金支持，也不靠建筑师帮忙，也就摆脱了社会规范的桎梏，只需要考虑自己的需求，并利用手边的材料进行建造。

他们已证明，人有能力为自己建造家园，建造一个超越纯物质功能的家园。这个家园敏感地关联着家庭成员的感觉，同时也表现出他们的生活主张。这些男人和女人也许并不认为自己的场所能够适合所有的人，但他们相信，其他的人也可以通过建设家园来抒怀表意。

从这些事迹中，我们或许能够看到一条线索：每个人体内都潜藏着广博的爱、充沛的能量与非凡的创造力，这力量足以改变我们的现实生活。我希望大家能够齐心协力共建世界，构筑出能够回应每个人需求的建筑。

——选自：《他们所有的一切：人与他们建造的场所》引言部分，申克曼出版社，马萨诸塞州剑桥市，1976年（Schenkman Publishing Company，Cambridge，Mass，1976）。

我结束了自己的旅程后，回到波士顿继续教学与实践工作。这次旅程为我发展、延伸自己的建筑观念提供了灵感。这段时期我也设计了不少项目。

我选择了其中一些作出简要的介绍。

我承接了马萨诸塞州的一个老年公寓项目，工程位于德拉刻特镇的一片开阔坡地上面，需要设计出一百个住宅单元。首先要理清思路：怎样才能为老年人提供更好的生活环境？有一种观点是这样说的："随着年龄的增长，我们变得越来越像自己。"我以此为出发点，做出了一个构思——那里将是一个可以展现居民个性的新村落。以一条街道将人汇集在一起，鼓励大家结识朋友并加入社群。建筑犹如伸进山林的避风港，能够不断发生变化，街坊关系和房屋形式都有很多种选择。有的房屋坐落在封顶的步行街旁边，有的房屋盖在乡村广场旁边，有的房屋在街边延伸成长长的一排，还有一些则建在山上。

一系列场景沿着主街铺展，犹如逢集的乡下道路一样充满活力。街道一直延伸，进入了静谧的林中小路。朝阳升起，光线缓慢地划过聚会的场地、食品商店、作坊、温室花房，人们做饭，然后用餐。夕阳西下，一天就这样度过了。

这些房屋在交付时的完成度是不同的。一位驻场建筑师和一个施工办公室将常驻在这里，协助业主完成最终的方案。选择不同完成度的住户拥有多种多样的选择；完成度最低的房屋将拥有最大的可变性和个性化空间，即便是完成度最高的房屋，也足以布置出主人的个性。

——来自：马萨诸塞州社区事务局组织的方案竞赛，本方案获得一等奖。

拉蒙·加布里埃尔住宅（Ramon Gabriel house），北加州，选自《他们所有的一切——人与他们建造的场所》（大约摄于 1974-1976 年）

德拉刻特镇住宅项目（Dracut Housing Project）中标方案项目模型，德拉刻特镇区（大约摄于 1974 年）
该方案为住户提供了多种建设选择

建造

旅程穿过了，

生命的风景。

听人们倾诉，

各自的故事。

以思想的语汇

建造。

以梦怀的材质

装点。

人们常说，

　动手修建，

　是一种最宝贵的行为。

哥伦比亚角（Columbia Point）[1] 是一块半岛形的土地，可以俯瞰整个波士顿港。那里曾是波士顿的垃圾倾倒场，之后成了一万五千户居民的公共住房点。哥伦比亚角绝对不是个令人愉悦的福利区，有五千人住在参差不齐的建筑里。

我们改造了一栋七层高的楼房。为了适应公共住房租户中常见的大家庭，我们规划出十一个不同规模的区域。这栋建筑依靠梁柱承重，内部没有承重墙。因此，我们可以将每个楼层都视作一个开放的大空间。在新的设计中，不仅改善了人们生活的物理条件，同时营造出更加人性化的社会环境。由居民组成的特别小组认为，大楼中的住户必须参与设计，这是本次项目中关键的一环。大家都希望最终建成的社区能够众望所归。特别小组的成员们在其个人经验的引导下，拟出一份社区目标清单，并由此衍生出一份确确实实的关于蒙蒂塞洛大道 110 号的复兴提案。

位于大楼底端的两层预留给各项社区活动，如日托中心、公共厨房、儿童图书馆，以及整个社区共享的工艺品展览区。在最大的公寓里，能够提供十间卧室。

即便一位修理工，在充分发挥潜力时也可以变成能工巧匠。我们在设计中也体现了对人的充分肯定。

考虑到居民不断变化的生活需求，公寓的布局体现了灵活可变的特点。为了提供这样的灵活性，同时便于居民使用，我们设计出一系列类似儿童积木的居住模组，在目前的结构框架里，加入可移动的外墙，装上新的玻璃墙，并添置了若干厨房和浴室。我们没有采用固定隔墙，而是利用储藏柜分隔房间并划分不同区域。柜体规模与大小各不相同，有的从地板顶到顶棚，有的只有板凳大小；我们设计了二十五种不同的类型，从壁橱到书桌应有尽有。我们将材料加工成方便使用的尺寸，即便没有受过建筑学训练的人也可以轻松地设计出自己公寓的形式。

最终的方案，由十一套不同的公寓组成，规模从单间卧室到十间卧室不等，能够适应不同家庭与社会群体的混居。在六卧室、八卧室与十卧室的公寓中，我们拆掉了部分楼板，形成两层高的贯通空间。从最终的结果可以看出来，当地居民在项目初始阶段就展现出广博的志向与眼界。

——引自:《进步建筑》，1973 年 1 月号及《住宅评赏》，1973 年 2 月号（Progressine Architecture，January 1973 and Award/Joumal of Housing，February，1973.）

尽管方案是经济可行的，却被波士顿住宅建设委员会否决了。在我们提交了最终方案的全套图纸后，一位委员宣称:“要是租公房的人都想住你们设计的这种公寓，那怎么办？”他毫不掩饰自己的用心，我简直惊呆了。

---

[1] 哥伦比亚角（Columbia Point），位于美国马萨诸塞州波士顿南部。——译者注

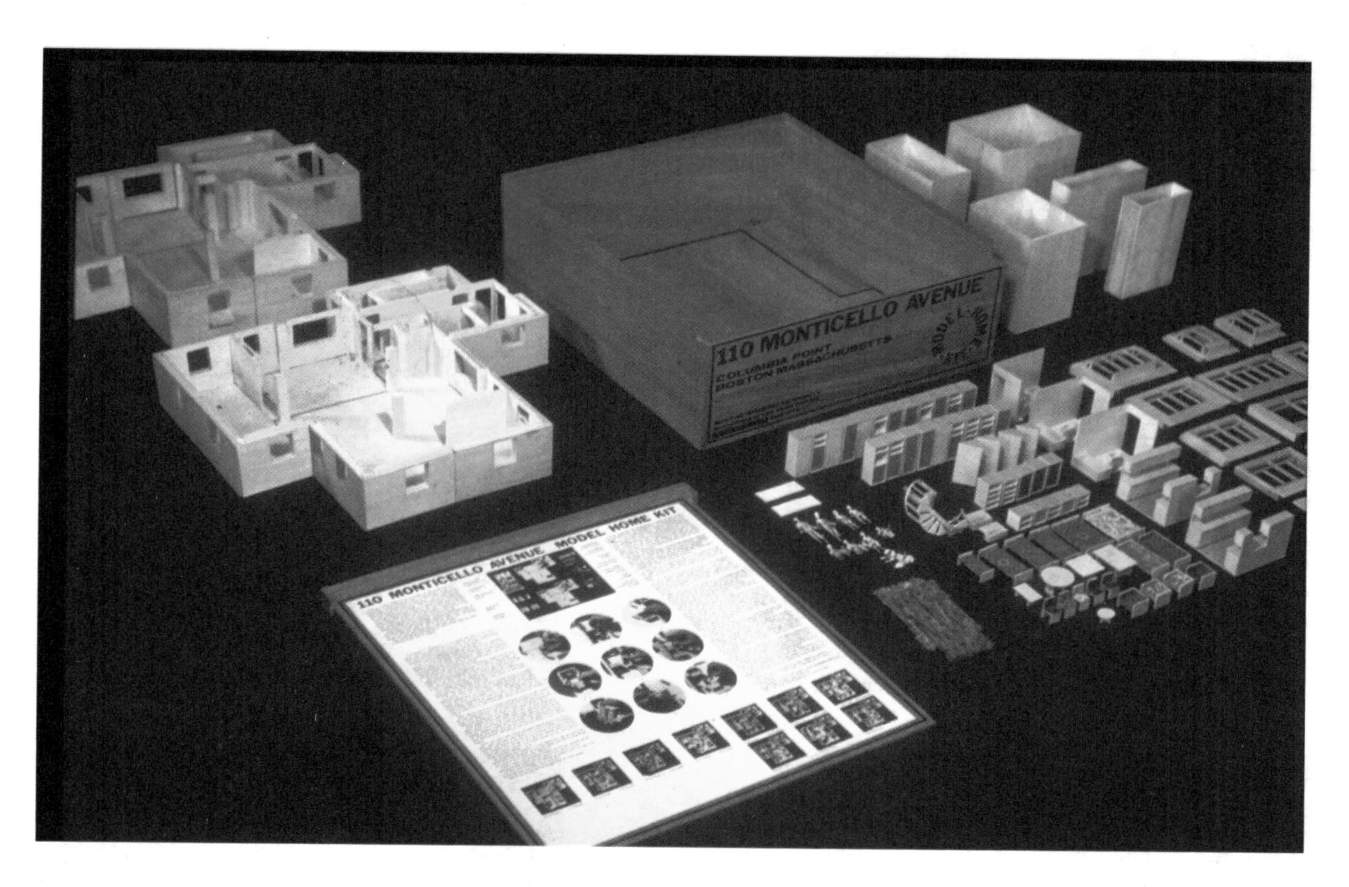

蒙蒂塞洛 110 号（110 Monticello）的住宅模块，哥伦比亚角（波士顿）城区，我们展示了模块中的开窗，浴室，厨房，橱柜，家具，以及建筑的主体框架（大约摄于 1972 年）

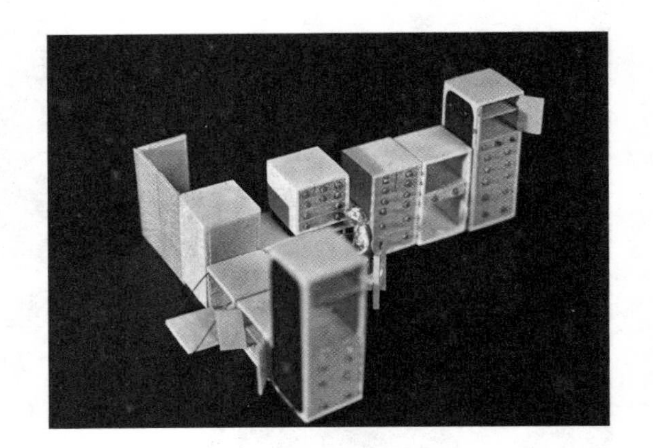

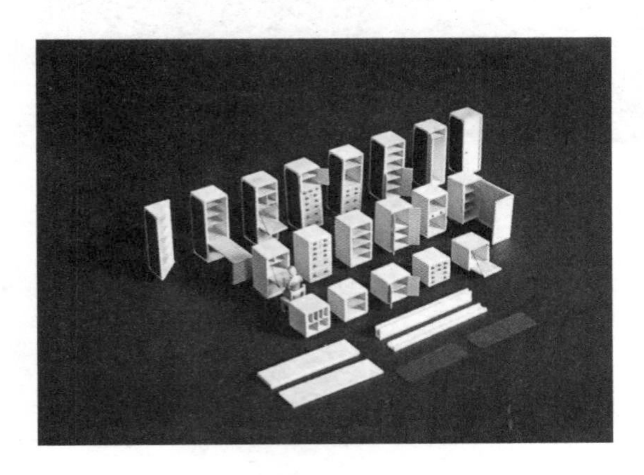

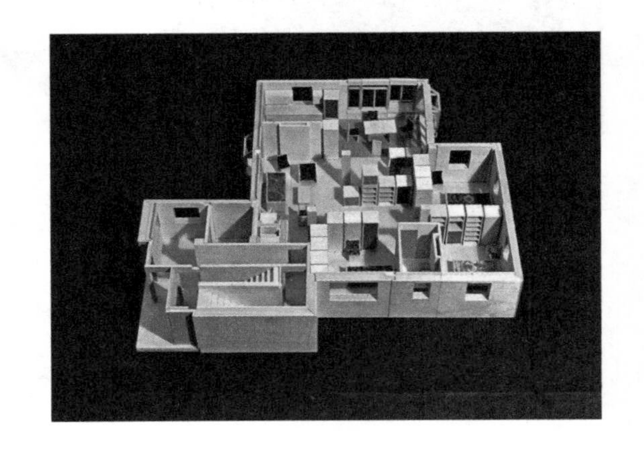

第一排，即将参与自己房屋设计的居民；第二排，居民做出的设计；第二排第二张与第三排第一张以基本储存单元创建组合的住宅方案；第三排，居民以住宅模块装配的最终方案

生命之旅

寡妇，鳏夫和老姑娘，
单身汉和已婚的，
　居无定所的漂泊者，
　终于有了个栖身所。
　　将往事安放下来，
　　这是儿孙归根的老农场，
　　也是游子回归的温暖乡。
街坊朋友们都来了，
你的小房，
他的大屋，
那位乘大游轮来的，
还有这位大宅的旧房客，
每个人成长的地方，
　　都在这里铭刻。
一起重新开始，
喜悦的新生活。

在这个项目之后，我又接手了一个老年公寓，同样是一个政府项目，许多年以后才建成。

安杰拉·韦斯托弗住宅（The Angela Westover House）是一处集合式的公寓，其中结合了新建建筑与原有建筑的改建翻新。它坐落于一条林荫大道旁边，与牙买加平原的繁华地段间只隔一个街区。

项目的场地非同寻常：一段三十英尺的陡坡从路边向后延伸——与其说是小山，更像是一段悬崖——它背靠着非常陡峭的岩壁。

一些住户联络起来，组成了街区发展合作社，希望为自己的社区争取更好的住房条件。这个组织承担了开发建设新住宅的职责，他们要为老年公寓准备一个方案。由于私人项目不提供这一类工程服务，街区发展合作社转向了住房和城市发展部门寻求资金支持。

我将建筑构想为一个大家庭，十二个人住在一起，共同分享各种生活设施和资源。更进一步的想法是，这栋公寓应该是一个家园，而不是一个福利院，从前门到卧室，方方面面都应建立认同感。

首先是老人安坐的空间：有单人独处的位置，也有供三五人坐下聊天的位置，同时在旁边布置光线明媚、视野良好的窗户。此外，起居室要足够大；餐厅需要容纳十二个人一起吃饭。晚餐时大家聚在一起，分享一整天的见闻。室外场地的形式也很丰富——列柱的游廊，出挑的平台，在那里可以一边喝咖啡一边沐浴朝阳，还需要有做园艺的花园，向阳的门廊，以及俯瞰城市的高挑露台。

方案的形态像是一个小村落，有街道、屋舍、大厅和房间，内部与外部一起组成了建筑的整体形象，构成了一个完整的“村落”。所有楼层里，都设置了向阳的走廊供人安坐，它们犹如建筑里的街道。室外的平台通过这些“内街”与内部的起居室、餐厅、厨房取得了联系。“内街”的尽头设置着一处垂直空间，楼层中的房间都与这个开放空间发生关联。厨房是首层空间的中心，就好像村庄里的花园一样。大家在这里做晚餐，接电话，也在这里喝咖啡——这里是生活的中心。透过厨房的窗户，我们可以看到老人安坐的位置和室外的街道，也可以看到餐厅与室外平台，在视觉上让厨房和其他部分联通。餐厅是建筑内唯一可以封闭并完全私密的房间，它毗邻门廊，因此老人也可以在门外用餐。

屋子各不相同，房间也各具面貌。有的房间可以看到南侧的庭院；有的房间小巧舒适，能观赏葱郁的树木；有的房间可以俯瞰屋外的街道，而另外一些房屋中则装上了各式各样的天窗。人们在自己的家具和器物间穿行，那是完全个人化的空间，铭刻着他们的生活印记。

房屋各处，里里外外，都流露出惊喜。在门前的墙上和屋内的壁龛里，我用瓷砖设计了一系列以日出为主题的镶嵌画。

我把新瓷砖与旧瓷砖混合起来，拼贴出各种日出的图案，看起来差不多，却各不相同地映衬着周围的环境。在餐厅中，我用一条特别的镶嵌木呼应室外悬垂的巨大拱腹。卧室中的含铅玻璃则从色彩上附和屋子里棕红色的拼贴砖。

有些居民非常在意自己的房屋，对设计方案提出改进和补充意见，甚至亲自参与建筑工作。他们在门前增添了小黑板，加上一面镜子，或者是一块软木制的留言板。房屋总是不停地发生着变化。

在这项工程里，工人们做了不少木刻的作品，他们一定会想回来看看。也许五十年以后，他们由孙子陪伴着，故地重游，感慨道："这是我建造的。这是我当年的作为。这是我留下的标记。"

这栋建筑从设计方案到最终建成，一共用了三年时间。有好几次，我的工作都陷于与政府的纠葛中，但最终一切努力都是值得的。我经常在早上去那里喝咖啡，顺便和居民聊聊天。他们都认为居住在那里是一件幸事——这真是对我辛苦工作的最好报偿了。

在美国，这项工程从全新的角度定义了老年人住宅——不应是消磨余生的场所，而是新生活的起点。在安杰拉·韦斯托弗住宅，老年人相互关心，为年轻的邻居指点迷津，和孩子们一起干活，还能种植一些食物。最重要的一点是，他们能够继续做一个对社会有用的人。与常规老年公寓的居民相比，这里的老人身体更健康，情绪也更愉悦。

随着人的寿命越来越长，老龄化问题将逐渐凸显。这项工程将为今后老年公寓设计提出一个参考原型。本次工作被美国建筑师学会授予了地区及国家双重奖项。

——来源：波士顿建筑师学会（Boston Society of Architeets），美国建筑师学会（AIA）

优秀住宅设计奖，1985 年，新英格兰区议会，美国建筑师学会（AIA），

1986 年优秀住宅奖（Excellence in Housing 1986）

以及 1989 年 A+U 设计竞赛（A+U March 1999）

我在所有的项目中，都直截了当地与客户沟通。有时通过会议，有时通过交谈，有时客户甚至直接参与了设计过程。他们来的时候带着各式的彩色铅笔，直接在图纸上勾画自己的设想。

艺术家住宅项目（The artist housing project），是为十二位共同生活工作在一起的艺术家修建的（好像我有不少项目都是十二位业主），位于波士顿的米申希尔（Mission Hill），那里俯瞰着城市西南狭长地带的一片土地（本是城市的倾倒区）。基地的边缘生长着一棵大树，同时，有不少小树也需要保留。一条视线的走廊划过街道的末端，意味着那片区域必须是开敞的。设计不但要与场地北部的周边建筑发生联系，同时还要在场地南端建造艺术家们的工作室。

安杰拉・韦斯托弗住宅，位于牙买加平原的一处住宅，波士顿主城区（1978 年 ~ 1983 年）（简・万普勒建筑事务所成员拍摄）

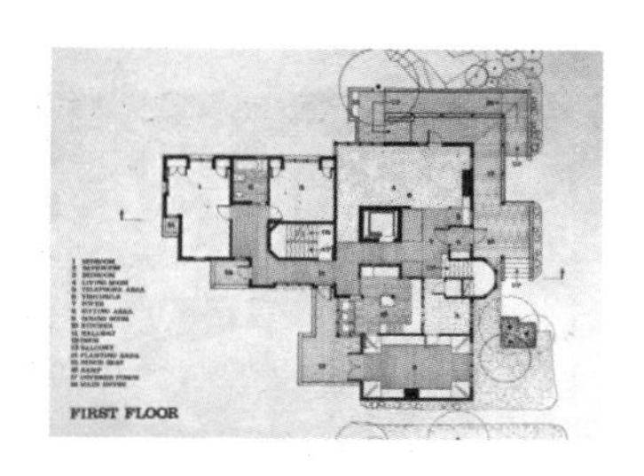

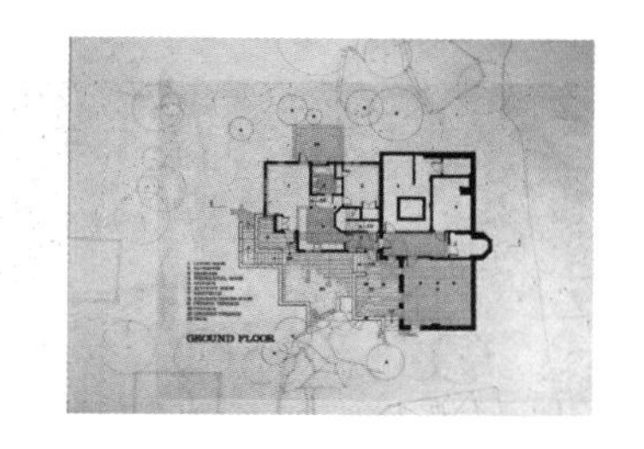

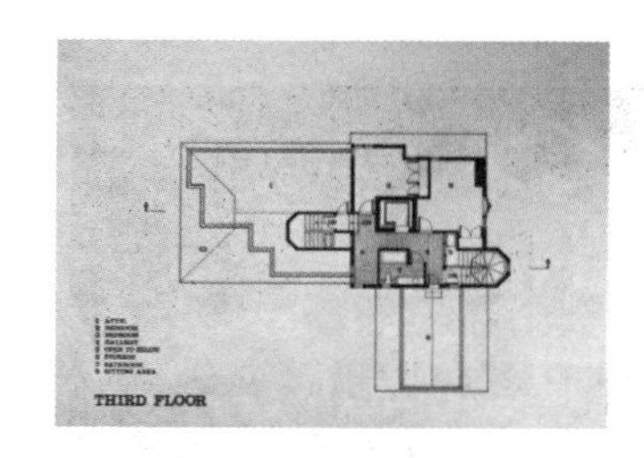

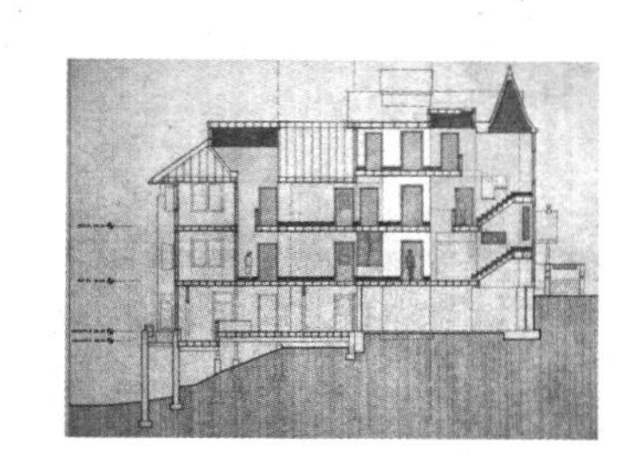

第一排，安杰拉·韦斯托弗住宅的方案平面图；
第二排，从左至右，1. 项目模型 2. 方案剖面 3. 餐厅——房屋里唯一的封闭空间；
第三排，建筑竣工后的照片；
第四排，从左至右，1. 建筑工人 2. 目前的居民们 3. 准备晚餐

艺术家住宅，位于米申希尔，波士顿主城区（约 1990 年）
上排，艺术家集合住宅，用模型与剖面描绘两个空间场景；下排，南立面渲染图

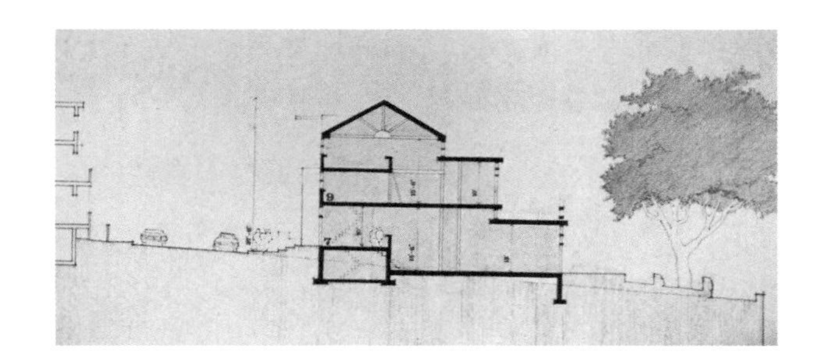

这个项目的设计过程长达数年，我与艺术家们开了很多次会议，以明确他们的需求，希望在建筑中展示他们的梦想。虽然面临许多困难——预算非常少，场地受限制，还要照顾邻里的感受，最终方案还是考虑了很多业主的观念和想法。

我设计了两层高的开敞空间，预留了基础的水管、暖气管和电线。目前，所有艺术家在同一个大空间里起居和工作，几年后他们就可以加建，以区分工作区与生活区。因此，初期投资会低于全部预算。等艺术家们的收入增加后，便可以加建房屋。足够高的空间可以容纳两个楼层，业主可以考虑加建二层，也可以保留这个明亮的垂直空间。

我在方案中的两个庭院中，都设置了停车场。停车场尺度适宜，并以砖材和花岗石的地面铺设和周围形成区分。

在工作过程中，艺术家们自己动手，设计建造了房屋的一大部分。目前空置的区域在将来也会被设计充实起来。

建筑中使用的建材，包括在场地中发现的花岗石、混凝土、灰泥、木材，还用到了一块直立锁边屋面，这些材料与天空和大地发生了关联。

在我的工作中，场地环境是整个方案的发起点，始终作为建筑中一个重要组成部分。在开始做方案前，我会去项目基地露营，在那里吃饭，看太阳升起落下。初次去建筑基地时，我总是兴致高昂，像是孩子在圣诞节清早等待着打开自己的礼物。

我在牙买加平原为两个家庭设计过一栋双拼住宅（A House for Two Families）。那栋建筑与周围的环境交融，变成了大地的一部分。

建筑基地位于牙买加平原中部，与周围地形孤立，依然保持着自然的风貌。那是一处特殊的地块，其最重要的特征是，南端被裸露的岩石界定，而北端被树林和原有建筑环绕。

我的设计意图是，建筑将成为场地南面岩石到北面建筑之间的过渡，我希望由自然世界到人造世界的过渡尽可能的微妙而舒缓。

石缝中流淌出的水流汇聚，形成了好几个水池，从石块下面逐层跌落，最终依傍在建筑的一边。首先形成一些开放共享的庭院，之后又为每一间屋子设置私密的小院。一条小径将人引入场地，穿插于庭院之间，连接着建筑的出入口。

有两个家庭希望能共享这片土地，也愿意共用一些房间。两家都有好几个小孩。孩子们在建筑中拥有属于自己的独立楼层，与大人的楼层分离。人们在共享土地的同时，还能保有隐私，多美的概念！

我以基地中岩石和土地的色彩与肌理为参考，选择了建筑材料。随着高度的增加，材质越发轻盈，映衬着天空与流过的光线。

场地周围的岩石与树木，是我发起设计的线索，也是我着重考虑的元素。

在最近几年的建筑实践中，我尽量每年只接一个住宅项目。尽管设计住宅会耗费大量时间和精力，但能与客户一道工作，并帮助他们实现理念与梦想，这就让我感到兴奋。一栋住宅从设计伊始到建造竣工，通常要三年时间。在工作进程中，我要统合各种条件，把基地、客户、材料和承包商紧密联络在一起，真是令人激动的工作。很多客户都和我交上了朋友，多年来都保持着联系。

坐落在缅因州的钱德勒住宅（The Chandler House）就是这样一项工程。

一对纽约夫妇放弃了纽约快节奏的生活，决定移居到乡下居住。他们幸运地在缅因州海岸边买到了一片土地，渴望着改变自己的生活方式。女主人想要就此开始学习绘画，男主人则希望能在一个平静的世界中安度时光。

实地调研之后，我对那片场地的感觉非常好。场地就在一条公路旁边，那是一片朝向海面的平缓坡地，一小片树林正好遮挡住了视线。透过树丛，可以影影绰绰地看到海面。比起一览无余的开阔感，这遮挡更显韵意。最绝妙的部分是横立于场地中央的地图形的巨岩。不同颜色的纹理嵌在巨岩中，它的边缘轮廓更像极了缅因州的形状。我希望，这块巨石能在本次方案中扮演一个重要角色。

大地（一）

树木自大地萌发，
看它变幻，
终年无常。
看它生长，
无需相帮。

春天，
最是令人荡漾。
繁花似锦，
鸟兽蛰启。
凡生物种，
都要朝拜太阳。
枝头吐绿，
采集着日光。
叶片舒展，
遮蔽了阴凉。

花鸟鱼虫，
各安其位。

建筑也是这样，
顺天应地，
自然地生长。
日复一日，
年又一年，
增砖又添墙。

我们现在就要，
造一座屋房。
若要它焕发光彩，
定需努力，
仔细思量。

大地（二）

我们耕种大地，
一如既往，
平整了土壤，
之后方可，
秋收冬藏。

快来搬运岩石，
将它们叠在，
井井有条的界线旁。
先要分隔田垄，
平整土壤，
才能够播种插秧。

建筑也是这样，
所有的工作，
都始于土壤。

不论何时何地，
都循规蹈矩，
如此演化出，
建筑与日月未央。

石块垒的田埂，
也能砌筑成牲口棚，
还有谷仓
和住房的围墙。
墙上留下了，
通风的孔洞，
与采光的窗。
那屋顶招展，
如枝叶悬立，
建筑融入大地，
只因这建筑的根脉
一直在这厚土中生长。

大地（三）

灵感从大地上浮起，
　土里埋藏的线索，
　是那将建的屋房。
我彻夜难眠，
只因天亮勘察，
新工程的现场。
景观牵引着我的设计，
迈向远方。
在我念书时，
任务书蠢得不像样，
但我还是带了睡袋，
露营在场地上。
　欣赏日落，
　听夜的声响；
　拂晓的空气，
　触摸清新的朝阳。

我返回学校，
大声宣布：
不该在这美丽的地方，
建造人的屋房。
大自然的美应当长存！

于是我的设计课程，
　总是又挂了课。

大地（四）

营造始于，
大地馈赠的上好物料：
浑然天成，
不曾雕琢，
并非远道而来，
也不劳车舟运载。

泥巴，石块和木材，
混凝土，玻璃，
再加上一点金属块。

请仔细看这材料，
来感受它的美妙：
木材平顺，
石料顿挫，
铜锈斑驳，
玻璃莫测。

模板就要拆落，
形态此刻就要结果。
真是扣人心弦：
干得漂亮，喜上眉梢；
干砸了就得着急上火。

若是不了解材料的真谛，
你又怎做得设计？
体会它的感应，
尝试它的限定，
教石头唱一支，
完满的歌。

用大地赐予的自然材料：
竹子强韧，
土壤致密，
砖坯牢靠，
石块粗砺，
它们地设天造。
哪里要建新房屋，
请使用当地物料。

我们承担不起，
远在天边的材料，
土地已被污染，
工厂将废水倾倒。

设计必须节制，
量力而造。

房屋因地制宜，
呼应地貌。

大地中的线索，
需要我们用心寻找：
　晨风撩拨，
　骄阳似火，
　黎明破晓，
　夜光闪烁。
聆听动物的生息，
它们是土地中的居民，
探索大地不停歇。
将一切了然于心，
如同你生长在这里，
　深吸气息，
　用心品尝，
把它带回进你的屋子，
也放进心房。
请铭记，
大地是如此宝贵，
如果你不为大地增光，
就请回去吧！
不要弄伤这珍贵的土壤！

　　这是我们拥有的一切。

我让他们写一点儿对于新家的期望，让他们试着画草图,用图形描述关于家的梦想。最终的方案，正是从这些初期的想法中诞生的。

设计过程进行得并不顺利。在最初的方案里，房屋依附在巨岩旁,好几处带露台的庭院穿插其中。女主人希望有一个位置能够俯瞰其他房间，而男主人想要安静的私人空间和挑台。方案敲定后，连初步预算都做好了，我和业主都兴高采烈，计划着施工的事宜。但方案在审核时却搁浅了，因为政府认为建筑与海面间距不足，建筑必须后退。虽然我们认为事实并不是这样的，但很显然，房子不能按照原方案修建了。

最终方案中，我们将房屋设计得修长而狭窄，用一条路径贯穿始终，透过走道末端的树林，能够看到海面。

建筑使用了混凝土、泥灰、木工板与金属屋面板，金属的光泽中映射出天空的明媚光彩。这栋建筑与大地融合，却又不失自己的个性。

不久之后我接到了客户的电话，夫妇俩说他们非常欣赏我的设计，特别在阳光充沛时，整个建筑生机盎然。这真是太好了。

最终，他们又邀请我设计了七面彩色玻璃窗，呼应了整个建筑方案。

我最近的工程项目，都是一些大体量建筑，大部分都位于中国。

私人住宅，双拼住宅模型

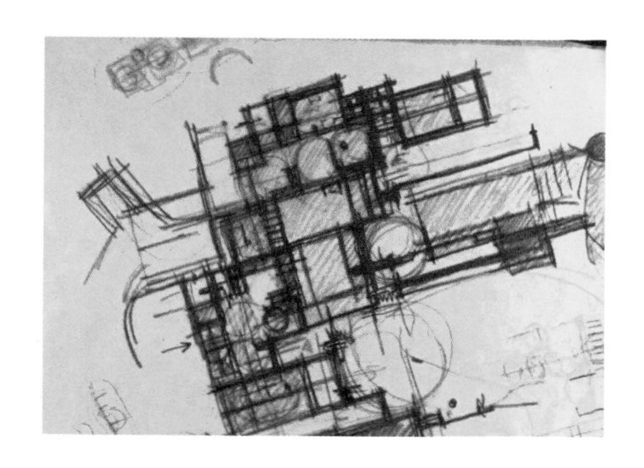

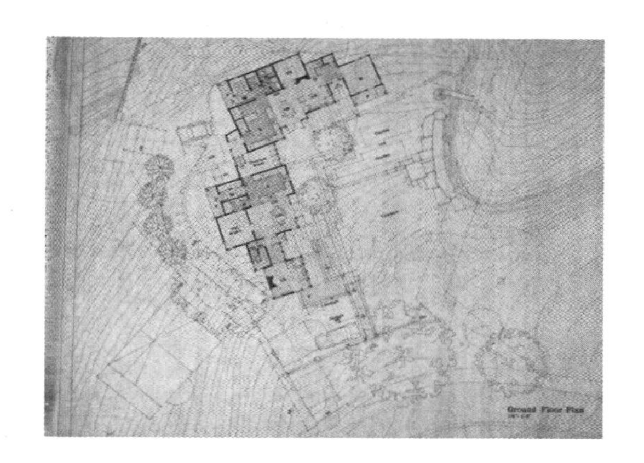

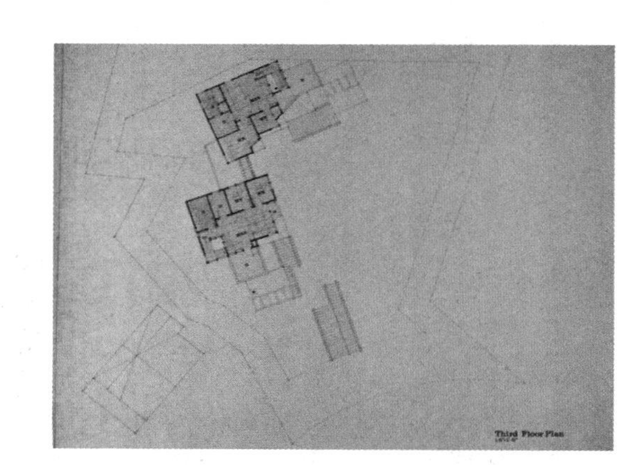

左列，私人住宅的草图与模型；右列，建筑平面图

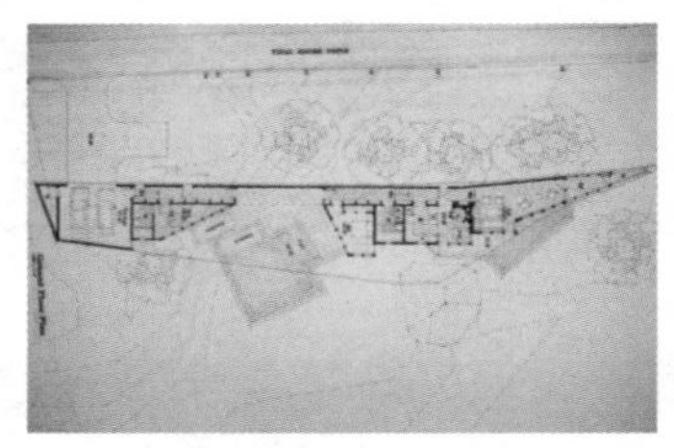

钱德勒住宅，缅因州，2002 年
第一排，项目场地中间的一块巨岩，第一次与钱德勒家见面并 参观现场后，我在回程的途中勾了草图；
第二排，1. 最终方案；2. 最初方案的模型；3. 彩色玻璃窗，形式上呼应户型平面，共七面玻璃窗，这是其中之一

钱德勒住宅，项目竣工时拍摄的照片

钱德勒住宅，冬日的景观

六 | 师生对话

我教了四十年的建筑课程，不断在实践与求索中寻找答案。刚走上讲台时，我觉得教书没什么大不了的，只要将自己以前学到的知识再灌输给学生，告诉他们该怎么做，然后给作业打分就好了。年轻教师刚入行时，特别容易走进简化教学的误区。经过逐步摸索，我发现既不能直接告诉学生怎么做，过度指导，也不应该直接干预他们的学习方向。教育，既需要适当的点拨，也要鼓励学生探索未知世界，是滑动于两者之隙的微妙舞蹈。

最重要的是引导学生自己寻找解决问题的途径。这需要应对多方面的问题，涉及很多教学步骤，学习的过程本来就不是一片坦途。当学生需要帮助时，你必须及时指导，在办公室开几次学习讨论会是远远不够的。教师如果能及时回应学生提出的问题，学生一定会从中受益。如果学生需要指导，不论白天晚上我都随时恭候。我总对工作室的同事讲，不管什么时间，我都愿意接听学生的电话，读他们的电子邮件。大多数时候，学生会在我空闲时打电话，但也有凌晨三四点找我的。好几位学生表示，他们从凌晨打给我的电话中得到很大帮助，受益匪浅！这正是因为我在他们最需要帮助的时候指导了他们。

人的构思，由大脑传递给手臂，再借着双手和指尖，在纸面和材质上呈现出来。但头脑里的想法和图纸永远不是一回事。构思刚开始时往往美妙无比，一旦把它画出来，马上会变成一场噩梦。设计的过程，常常伴随着反复思考、勾勒草图、研究问题，然后全部推倒重来一次。如果一个构思总是停留在脑海里，就永远也不可能得到提高和发展，必须要落在纸面上才行。

就拿我的工作来说，我会整夜在黄色的拷贝纸上勾草图，一张叠着一张，留下满意的部分，将其余的重新修改，图纸越叠越厚。结束工作时，我把最后一张图钉在墙上就会离开办公室，绝不多看一眼图纸。第二天一早，我端着一杯茶来到工作室，如果天气好，阳光已经铺满了整个房间。我坐在最爱的椅子上啜饮着茶，研究前一天晚上画的图纸。这时候我会有些紧张：方案怎么样？需不需要重做？这是一种非常独特的感觉，前一天晚上的工作有时好到让自己都觉得吃惊，有时则让人失望，不得不重新开始。我最想教给学生的，正是这个过程。先干活，再说话。在什么都没做之前，最好不要夸口。说得漂亮不等于做得好。

笔者和学生一起组装模型（图片由工作室学生拍摄）

动人心魄的音乐之声

炽热的情感如此明晰，

　　喜悦、

　　灵气、

　　爱的泪水，

　　在我们眼中洋溢。

音符在舞蹈，

乐曲在飘扬，

于是你参透生命的真意。

可是建筑却极少能动人心魄，

它们没有喜悦灵气，

也无法让人流泪感动。

我们的工作，

　　如此清晰！

　　如此激昂！

要让建筑，

带着最深沉的情感。

　　　刻骨铭心，

感动我们的内心。

布洛克岛上的石墙，罗得岛州

在多年的教学中，我和学生一同探索着建筑的世界。每个学期我都会引申出一些新概念，并影响到下个学期的计划。我在工作室和工作营的教学影响了自己的设计，我的教学水平不断提升，同时更懂得了学生是如何学习的。

在课堂上，总是有一个人讲，其他人听。就让我们这样开始吧。

对话 1

万普勒：嗯，不管在哪里，你要种粮食，就得先把石头从地里刨出来，然后才能播种。那么，挖出来的石头怎么处理呢？扔到邻居地里吗？

学生：要把石头堆在一起。

万普勒：把石头堆到一起。没错。那何不把它们垒作一道墙呢。我居住的小岛，布洛克岛（位于罗得岛州），有数百道石墙。人们为了种地，把土里的石头都拣出来，最后竟然垒成了石头墙。这些墙也勾勒出了土地的界限，阻挡了野兽的脚步。这些都是把石头垒起来的结果，也是建筑的起始。

然后就是平整土地，这是建筑的第二个步骤。遇到陡坡，我们平整为坡地。遇到一座山，文明便会驯化那座山。意大利的托斯卡纳地区就是个例子，那里的人口已经非常饱和，但看起来却很自然。这么多年来，虽然托斯卡纳的文明更迭，但旧的建筑被侵蚀后，看起来和自然难解难分。实际上，一切建造行为都是为种植粮食和建造房屋争取空间。托斯卡纳独特又神秘的特质，正是人造世界和自然世界合而为一的结果。

让我们继续。平面的高度变化后，不同的层次就为人提供了隐私，所以这是建筑的第二个目的。许多国家都有丘陵和坡地，而现在，这些地形已全部被人造的房屋和梯田精心修剪，改变了原貌。人们还用各种漂亮的材料修建出更复杂的墙壁。每个文明都懂得利用和回收旧材料。在意大利，你常能发现跨越了几个世纪的材料被组合在一起，组成了跨越时代的蒙太奇。

请看这栋位于不丹的房屋，我要给这栋没有建筑师的建筑打出 A+，最少是 A-。建筑下部参考了大地的形式，中间是一段过渡，然后是天空的形态。最低的一层饲养牲畜，中层住人，而最高处用来晒谷、储存粮食。所有区域都具备自己的建筑语汇，同时也组成一个整体。

又如，你站在费城排屋的入口，那是一个半层高的门廊，可以俯瞰屋外并且能进出自如，同时是房屋的中心部位。而在最高的楼层，只是简单地以墙体做出分隔。

再来说一说柱子。柱子其实是一棵带着枝叶的树。在早期建筑中，最常见的柱子正是一段树干。之后在希腊和一些其他文化中，为柱子的主干增加了柱础、柱身和柱头，这三部分代表着底部、中部和顶部。不论我们设计的是什么，这种观念都影响着我们。

柱子是非常重要的，它们的作用远不止于支撑建筑。它们是建筑师的朋友，是一种非常好用的元素。我们不该将结构部分仅仅看作应对悬挑的建筑部件，它们是建筑的一部分。我来试着举一个例子。

同学，我能请你扮演一棵柱子吗？你能不能为大家扮成一棵漂亮的柯林斯柱？一会就好，请站这里。你得有个柱头。（他把手摆在耳朵旁扮成柯林斯柱头，大家都被他逗乐了）就这样，很好。现在请转过身来，让大家都能看到你。大家觉得他扮的这个柱子怎么样？

学生：真别扭。

万普勒：不好看吗？哦，因为我们都认识他。

学生：他的位置不合适。就一个人站在那。

万普勒：啊，只有一棵柱子。

学生：他什么东西也没有支撑。

万普勒：对了。我们推测一下，他头顶上应该支撑着其他结构。

他在演绎什么呢？我管这叫作"仪式性的柱"。我们全都环绕着他，没错吧？他可能会觉得不太自然，但现在他处在中心位置，显得非常重要。我们可以围着他看一看，走一走。这根柱子真是风采绝伦。他现在真是众人瞩目啊。好，这是一根柱子下的情形。请站这边。

我需要另一根柱子。你能不能扮演一根漂亮的多立克柱？请站这里，多谢。所以，现在我们有了两根柱子，上边搭着一道梁。他们还达成了什么效果？

学生：形成对称性。

万普勒：对，他们是对称的，此外呢？他俩在空间中形成了动态，没错吧。所以，他们不仅仅只是支撑着古建筑的两棵柱，还扮演着建筑的入口。他们两个是一组伙伴了。现在，这家伙已经没有刚才那么威风了，他只是组合中的一半。

好的。请再上来一位志愿者扮作柱子。你能不能变成一根佛罗伦萨式的柱子？你愿意吗？好的，现在我们有了三根柱子。（她演得非常投入，用上了胳膊，耳朵，头发，连眼睛都很入戏）现在我们有了什么？

学生：空间。

万普勒：没错，但是他们形成的空间还不完整。当柱举起屋顶，就是一个完整空间了。在建筑中，柱子扮演着非常神奇的角色，如果你利用好柱子，它会是一份礼物。这是一些建筑设计中的基本原则。谢谢你们几位，大家给我们的柱子们一点掌声吧。

典型的不丹住宅，一楼饲养牲畜，中间层居住，最高层用来晒谷（2001 年摄）

笔者向学生讲解由柱构成的空间 / 场所（图片由工作室学生拍摄）

柱子可以是独立的，也可以两根连成一行，在上面放置一道横梁；还可以用四根柱子组合，在横纵两个方向都搭上梁。在设计中，柱网也不一定要相互垂直，两根、三根或者是四根柱在一起都没有问题，组合方式灵活多样，构成的空间也有巨大的可变性。

几年前，我参与了马丁·路德·金纪念馆（Martin Luther King, Jr. Memorid）的方案竞标。我希望通过实际的设计教给学生们一些基本原则。马丁·路德·金是一位非常重要的伟大人物，在我成长的1960年代，他曾代表着未来的希望。“我有一个梦想”，曾是美国发出的最强声音。我在得知马丁·路德·金纪念馆将公开竞标的消息后感到非常兴奋。政府决定在华盛顿特区建立一座他的纪念馆，与罗斯福纪念馆毗邻，而马路对面的空地上就坐落着杰斐逊纪念堂。基地的位置并不显著，只是一块普通的平坦土地；同时，新建筑的高度还被限定在二十英尺以内。这个题目非常有挑战性。

杰斐逊纪念堂和华盛顿绝大多数的纪念性建筑都是空间中的实体，只有一个例外，是什么？

学生：越战纪念碑（The Vietnam Memorial）。

万普勒：没错。在我看来，林璎（Mia Lin）设计的越战纪念碑是二十世纪最伟大的建筑之一，它是关于战争的空间与场所。只要你到了那里，就一定能感受到那场战争的残酷。我想看看自己能否也创造那样一个场所，像林璎的越战纪念碑一样，营造出强烈的情感与对和平的渴望。

请看，这是我的草图。因为是在飞机上画出来的，所以叫作“航空草图”。我还受到一小段文字的启发。这些草图和那段文字就是我方案的出发点，最初设想的场景是关于一片水面和一群孩子。方案分为三个区域，首先关于马丁·路德·金其人，之后关于他所倡导的那场运动，最后则关于遇刺事件。

不知为什么，我被三个三角形，以及空中浮云的形式深深吸引了，却不知如何着手。这些是我的初期草图。我想从马丁·路德·金本人切入题目。他不止是一位民权运动领袖，他的思想还关乎我们的子孙后代。我冥思苦想，怎样才能为他建造一座丰碑，更为后代树立榜样？

那段启发了我的文字，是美国内战时南方联盟的斯通沃尔·杰克逊（Stonewall Jackson）将军的遗言：“让我们渡过河，安坐在那树荫下吧。”这位将军打了五年内战，垂死之时，竟以如此的诗意表达了自我。

我想要做的场所，与上面的文字意境相通。于是，我设计出一个区域，叫作“蒙昧之树”，包含着一些水的元素。然后我又设计了“文明之树”，是围绕在一片广场旁的三间小纪念堂，地上是流动的水面。

马丁·路德·金初次演讲，是在一片桃树林里面。在我的方案中用玻璃构成了一片“文明之树”，这一部分也是整个方案的中心。细节将稍后展示。

我想要设计一个场景，将大家汇聚在一起。在那里，孩子们代表着未来世界的希望。我发现有很多小孩在父母陪伴下来参观华盛顿。我的设想是，十二岁以下的孩子们来参观马丁·路德·金纪念馆时，在这里拍一张照片，液晶大银幕会投射出照片的影像，同时图像信息也会被储存在电脑里。然后，每个孩子都会收到一张记忆卡。当这些孩子八十岁之后故地重游，将当年的记忆卡塞入机器，三十五块大屏幕将同时播放他少年时的影像。在这七秒里，他将吸引所有人的注意力。

我所设想的“树”，由四根柱子支撑着不锈钢的枝干，叶片由玻璃组成，其上安装的屏幕不间断地播放孩子们的影像，犹如飞机上偶遇的老人向你展示他们心爱的儿孙照片，含情脉脉而又充满自豪。我进一步设想，也许一段时间之后，全世界所有的孩子都能出现在那里，不同肤色、不同种族，面孔各异的人们将会融入一个孩子的世界中。

设计方案中还设置了一个时钟，到了整点的时候，将会播放马丁·路德·金追求和平与自由的声音和主张。

我希望，那里能够成为大家欢庆世界和平的场所。

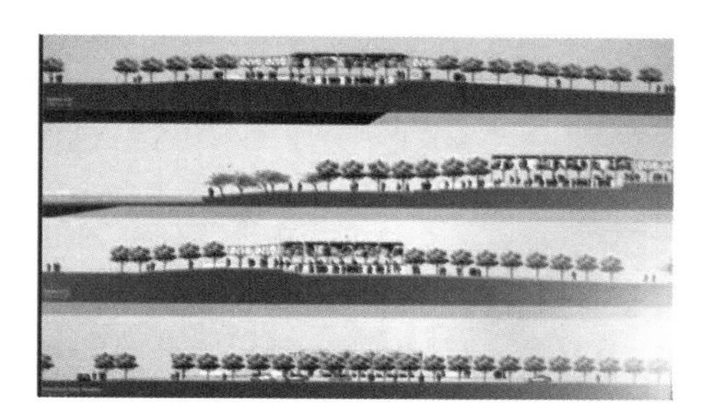

马丁·路德·金纪念馆竞赛方案模型、剖面与立面局部，华盛顿特区（2002 年）

马丁·路德·金纪念馆竞赛方案，“全世界儿童的笑脸”的入口处细节，华盛顿特区（2002 年）

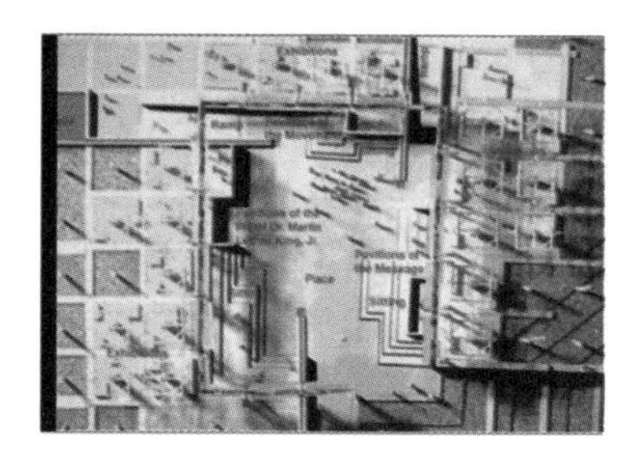
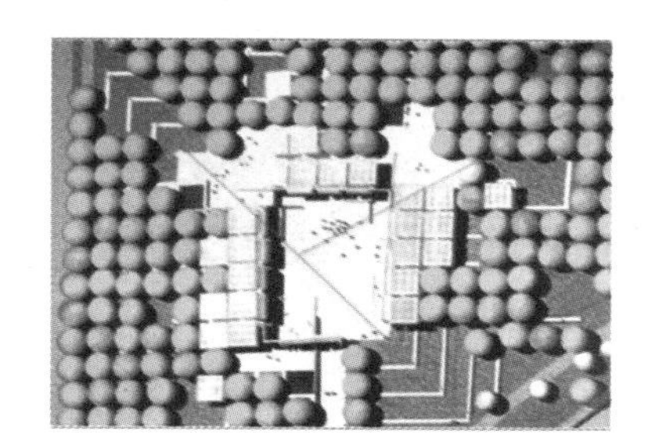

马丁·路德·金纪念馆的草图与最终模型，竞赛方案，华盛顿特区（2002 年）

笔者向学生讲解建筑中“层面”的变化［图片由工作室助教杰西卡・李（Jessica Lee）拍摄］

对话 2

万普勒：让我们来谈一谈平面的变化。请问，假如我站在地板上面，你会怎么样看我？你会有什么反应？

学生：没什么感觉。

万普勒：我同意。那现在呢？（我跳上了桌子）

学生：您这样做，我觉得有点担心您的安全。

万普勒：你担心我的安全，太好了……（在桌上走来走去）……我亲爱的臣民们，你们现在觉得我怎么样？

学生：你看起来非常不友好。

学生：独裁者。

学生：你看起来像个皇帝。

万普勒：我举这个简单的例子，是为了让你们看看，作为建筑师，很大程度上是在塑造人与人的关系。刚才的例子便是通过影响行为方式，为我们的关系塑造了形式。我要问一些问题，请大家踊跃回答。我们在这里做什么？建筑究竟是怎么一回事呢？我们的目标是什么？如果我问医生的目标是什么，他们会怎么说？医生的目标是什么呢？

学生：拯救生命。

万普勒：拯救生命。好的，那么律师的目标是什么？

学生：赚钱。

万普勒：对，非常好。但律师也得为人辩护，对吧？那么，建筑师的目标又是什么呢？

学生：创造空间。

学生：塑造能够影响人们交互方式的实体与自然景观。

学生：创造一种体验。

学生：寻求能够让全社会栖居的空间。

学生：建筑师与工程师的区别，就在于建筑师能够创造出人们向往的空间。我有一些工程师朋友，他们大部分都能够设计空间，只是你并不喜欢待在里面。

学生：同样，从历史的角度而言，空间也具有独一性。空间反映出一个时代的价值观，对未来而言也是一样。当后人回顾往昔时，他们能够从残存的遗迹中发掘出我们这个时代的历史。

万普勒：非常好。请大家继续说。试着表达出你自己的见解。

学生：我想我们可以从更抽象的层面来看待设计，他们不只是用来遮风避雨的房子，我们更该关注建筑背后隐含的思想，比如形状与形式的意义。

万普勒：好，还有吗？

学生：建筑师为人们提供相互交流的空间，以此让世界变得更加美好。

万普勒：好。非常好。对于建筑师的目标，我有一个这样的定义。我们营造出各种各样的场所，用它们来庇佑我们的精神。我所说的“营造”（making）是指什么呢？

学生：设计与绘图。

万普勒：设计，绘图，建造。

学生：营造包含两方面含义。首先要在思想上要理清设计的头绪，同时通过自己的双手和一切可能的工具，将设计内容的实体搭接起来。

万普勒：对于营造，还有没有其他的理解？

学生：“营造”这个词，意味着一种缺席，即在“造”之前，有些东西缺失了。

万普勒：我们是在做加法，不是在做减法。在营造的过程中我们的确加入了一些新的东西。还有谁要说？

学生：我认为，与其说营造就是修房子，不如说，营造是在赋予事物以某种具体形态。营造意味着对于方方面面的细节的控制，而不是简单地把材料堆砌在场地里面。

万普勒：我说的场所（places），是指什么呢？

学生：场所就是发生行为的区域。

万普勒：我为什么不使用“空间”（space）这个词？

学生：我不认为空间能够代表行为的发生。角落里的一个小洞也属于空间。

学生：可那却不是场所。

学生：空间无所不在，但场所是被限定的一个区域。一个场所既可以空间广阔，也可以空间不足。

万普勒：没错。是这样。我认为场所是一片特殊的空间，但又不仅仅只有空间。比如，这个地方在某种程度上就是我们创造的场所。虽然我们其实正在疏散通道中间上课，其实这里还不错。最远处那位同学也许感觉像是要脱离我们了，其他人感觉还行，对吧？我经常说，出去吃一顿饭，不仅仅是购买一份食物，更是在租用那个场所。为这个，我经常为难我女儿，有时候也为难了别人。我在外面的时候，总是对酒店挑挑拣拣，换来换去，直到满意为止，我一直都这样。一定要选对地方才行，我需要一个特定的位置，既能和人交谈，还要能够观察周围发生的事情。在保持私密的同时还要能与别人交流。我养的猫倒是精于此道。有时候我和别人在一起，它也跑过来坐在一边，加入我们的对话。猫当然不会说话，但是它也在场，它在听我们交谈。

这就是我对场所的认识。对了，这地方对十二三个人而言，就算是个不错的场所。这里大概有多大？（学生们低声猜测）8 英尺 ×6 英尺？ 7 英尺 ×5 英尺？ 9 英尺 ×7 英尺？

万普勒：好。我认为是 8 英尺 ×5 英尺 10 英寸。

（学生测量，结果是 8 英尺 ×5 英尺 11 英寸）

就用这样的方式，告诉你们与场所相关的空间是怎么回事吧。

不论什么时候，我都随身带着一个卷尺。每次发现有趣的东西，我都去量一量。我建议你们，就算约会也带上卷尺，不管是你约别人吃晚餐还是别人约你吃晚餐，都可以随时量一量。补充一点，别人可能不会再找你约会了，但是你起码可以学到一点建筑知识。我才不关心有没有人约你们。

我所说的"遮蔽"(shelter)是指什么?

学生:遮蔽有两种不同的含义:首先是对于外部自然环境的遮蔽,遮风避雨。还能够起到庇护的作用。

万普勒:大家继续说。

学生:一个可以对抗恶劣条件的良性环境。

万普勒:没错。之前提到过这一点。继续谈一谈你们对"遮蔽"的认识。

学生:被遮蔽是一种舒适、安全的感觉。

万普勒:当然。身为建筑师,我们要制造出遮蔽物,遮雨挡雪,制造荫荫,在恶劣的自然条件下保护人。但我刚才说过,工程师也可以做到这些事。因此,建筑师所做的遮蔽不止于此。那应该是个惬意的所在,不光遮蔽身体,而是关乎我们周围的所有环境。建筑师的"遮蔽",含义要复杂得多。

我所说的"建筑的灵性",是指什么?

学生:一个建筑,与一个人完全投合。人也为这建筑投入了情感。"我住这里"与"这是我的家",感觉是不一样的。而"我希望在此成长"或是"我希望自己的孩子在这里长大"和"我喜欢这里"也代表了完全不同的意思。你知道,下课以后我是不会对这个地方念念不忘的。

万普勒:对。如果你闭上眼睛——不要在这里闭眼睛,别睡着了——你可能会发现一个内心深处的场景,它在你小时候庇佑了你,不仅让你的身体舒适,还让你的精神惬意。场所是一个特殊的地方,每个人都有这种经历。比如树屋,对我而言则是森林中的某处,或者是家中某个的"秘密地点"。那里对于身体和心灵都是一个特殊的位置。那么,我对于"灵性"的定义,不仅包括身体,而是一个更大的概念。它是我们的梦想,也是希望。它是文明的回响。那是比身体更广大的范畴。所有的一切都声明了我们不只是建筑工程师,我们的志向更大。我们的工作不仅是文明的回响,更是未来的预言。

学生:所以您认为"灵性"更接近一个广义的概念,而非"我是谁"这种发于自我的单纯念头?

万普勒:是的,我使用了"灵性"这个词,它是个广义的概念。可以是一个人的心灵,可以是一群人的精神,也可以是世界的灵魂,这是它原本的意思。因此,如果你要设计一栋社区中心,主题一定是人的聚集,那么灵性便是众人精神的聚集,而不是身体的集合。

嗯,我用这个主题给这学期的课程开头,希望也可以以此结尾。这意味着要扭转之前我们一直在做的结构性的设计。那种听起来充满逻辑的建筑,通风良好,光线充足,我们也完成了一些漂亮空间。虽然好看,但只是单纯的空间设计。设计赏心悦目的空间没有错,但除此之外建筑还有其他的定义。我们要把漂亮空间变成心之所向的场所。

在费城,人们在约会见面时一般都说"咱们在沃纳梅克大钟下面碰头吧",那里不但是费城的中心，还是一个宽阔漂亮的公共空间，是一个场所。当然了，如果你做的设计不能遮风也不能蔽雨，就如医生只顾做手术而没有拯救病人。那不算是完成了工作。因此必须要全面考虑。同时我们思考设计时会有很多不同的角度，人们也许会因一个设计作品而汇聚在一起并相互影响。设计有教化人的力量。精美的石头能赋予生活以意义。

对话 3

万普勒：接下来我要布置的任务也许会让你感到新奇，但那却是作为建筑师必须践行的精义。不要为了形式而去做形式，要在塑造形状前先赋予形式以意义。长久以来，建筑师僵化地按照任务要求创造出空洞的形式，而制定要求的人却不懂得生活，只知道用标准和规范去限制生活。

你们能明白我的意思吗？

学生：有很多建筑项目都不怎么样。

万普勒：比这还要糟。

学生：我们需要在设计中更加注重人的需求。

万普勒：好，但还不足够。

学生：建筑里面的内容，与建筑的外部形式是同样重要的。

万普勒：对。正是这样。设计是很重要的事。必须对社会作出实实在在的贡献。建筑师需要重视建筑内部的内容，如果能够做到这一点，那么就超越了工程师的所为。因此，请你们以创造和谐的领里关系为主题，设定一个题目。现在谁能举出一个例子？

学生：建一个社区中心。

万普勒：不，不对。你搞错了。社区中心是最后的选项。你的概念太固化了，社区中心的形式很死板，建好了也没人愿意来。还有谁要说？

学生：人们可以在一个地方工作和会面。

万普勒：好。这是个不错的开始，现在有没有人能说说看，怎么样实现这一点？

学生：也许人们可以利用晚上空余的时间，在木器店或金属店学点手艺。

万普勒：很好，现在你明白了。但还需要继续补充。

现在你们明白自己面对的挑战了。下一节课，请大家阐明你的建筑态度，说清自己的想法。请记住，唯一不可取的态度就是没有态度。放手去做吧。

对话 4

万普勒：现在大家去过现场了，已经调研了场地中的问题并形成了本次的设计观念，明确了方案的作用。当然，目前的内容还有些粗糙，方案也可能会随时变动。准备工作已经完成了，有没有人说一说，打算如何开始？

学生：先做一份项目分析图表。

万普勒：不。靠着图表分析设计房子，终究还是反应图表里的内容，成不了好建筑。以前人们用过这种方法，造出来的建筑很糟糕。还有谁想说。

学生：我有一点设计思路。我们应该利用手头的资源，先拟定一份计划。

万普勒：这样也不行，以前倒是常常会这样做。很多建筑师用这种方法展开工作，但这不是我们这次要做的事情。

请大家先去码头附近的校区转一转。去人们扔废旧东西的大垃圾箱那里，看看能不能找到一些"天然艺术品"。把这些废旧物品带回工作室，如果是旧机器的话就拆掉。总之把找到的物品都拆开。旧电脑里有一些好玩的零件，但旧机器还是最好用的。然后把所有能用的零件都摆在桌上整理归类。

学生：我们能不能买点儿材料。

万普勒：不可以。就是要用你们找到的零件，变废为宝。

首先制作场地周边环境的模型。它们做起来很快，所以多做几套，它们是方案的舞台背景。再挑选几样你们捡到的"天然艺术品"，把它们的样子默默记在脑子里，然后按照你的计划和方法，将其组织为某种形式。不要先入为主地为形态设定功能，要利用形式的偶然性去发掘潜在的功能。反复变换各个部件的位置，就能获得新的灵感，想想你们小时候是怎么摆弄积木的。我以前在工作室中专门为女儿们摆了几张桌子，我工作时她们就在桌上摆积木。我经常观察她们摆的那些东西，比我做的设计更有创意。我常从她们摆的积木中汲取灵感。这样说来，还真有些不好意思。总之，我希望你们能像孩子一样玩起来。

学生：我们要做多少个这样的模型？

万普勒：越多越好。当然，要有一个主导方案。还需要注意，刚开始的创意和最后方案完成时的样子会完全不同。

学生：为什么不能先画草图呢？

万普勒：一旦你将自己先入为主的观念带进方案，就算这个点子不怎么样，你也会去维护它——因为你投入了感情。事实上，只有一遍一遍推倒原有方案，设计方案的可行性才会增加。还要记住，不要反复修改一个方案，这已经是老一套的设计方法了，并不奏效。但是还有好多人这么做。

我希望大家在这个阶段的设计中自由一些，不要担心方案不符合设计任务书，尽量发展你的概念，深挖下去。

那么，大家开始设计吧。我希望你们目前的工作能给最终的方案打下基础，交出的成果中也能寻得到任务开始时的踪迹。

按照这条路走下去，你就能开个好头。

好了，祝你们玩得开心。

对话 5

万普勒：现在，大家用模型和图纸展示了基础方案。你们计划了建筑的组织方法并设计了整体形式。看上去也很符合场地条件和周边环境。

那么，这栋建筑还有哪里有问题？

学生：你搞不清建筑里有什么内容。

万普勒：对。谢谢你的回答。这地方感觉不到任何情绪，毫无活力，死气沉沉的。需要给这具骷髅灌入一口生气。

我们如何做到这一点呢？怎样给设计带来生命力？

学生：你也不知道这栋建筑使用的材质和表面材料是什么样的。

万普勒：没错，让建筑充满活力的途径有很多，但材质和细节总是其中非常重要的一部分。正是通过材质和细节，才能将建筑变成令人向往的场所。

在学校里，我们的设计过程是线性的，但在真实情况中，设计却往往是牵一发而动全身。在你考虑整体的时候，就要构思柱子是用什么材料做的，同时还要考虑它的细部。我相信，建筑中的每平方英尺都是在反衬着一个更大的观念，在你们崇拜的那些建筑佳作里，每一个细节中都蕴含着对于整体的构思。

你们能找到一种感觉，也就是我说的“意识中的建筑”。那就好像思维在建筑中穿行，添砖加瓦，选择材料，雕刻细节。慢慢地，色彩、材料、细部，都有了，建筑逐渐有了生命力。目前的设计就像一本还没有画上音符的乐谱。一览无余，没有什么好听的音符。所以我们刚才讨论了材料、色彩和材质。通过这些元素，设计才会逐渐生动起来。

如果你是一位画家，你只需要和三种颜色打交道：黄色、红色与蓝色——也就是三原色。三原色混合就产生了次生色。次生色经过配比后，又得到了六种复色。因此，所有的画家其实都在和三原色打交道。在某种程度上，材料也是这样的。按我的说法，材料也分为三类，那就是原始材料、次生材料和复合材料。现在，请按照刚才的比喻举出一些例子：产自大地，不用加工或稍微加工就能直接使用的材料，完完全全从土地上原产的。说一种看看。

学生：木材。

万普勒：好的。这算是第一类材料了。现在举一种次生材料，也就是需要加工过程才能获得的材料。

学生：黏土。

万普勒：对，某些金属也属于这一类。现在说一些复合材料。

学生：钢铁。混凝土。玻璃。

万普勒：钢材，没错。混凝土不属于复合材料，它是原生材料。玻璃算一种。但是炼钢需要经过很多道复杂的工艺。哪种材料生产过程最复杂？

学生：铝。

万普勒：谢谢。制铝耗费的能源是最多的，工序也最复杂。在以前，铝矿从牙买加开采出来，然后运到加拿大加工，最后运到美国冶炼成铝锭。这是非常典型的复合材料。塑料也许要归于这一类。

想一想，还有什么材料属于这一类。

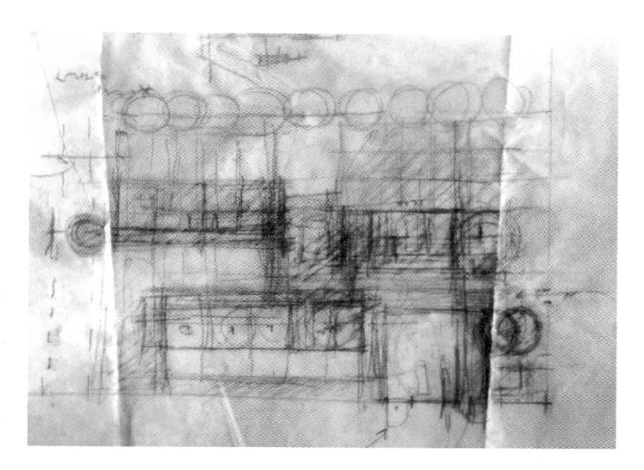

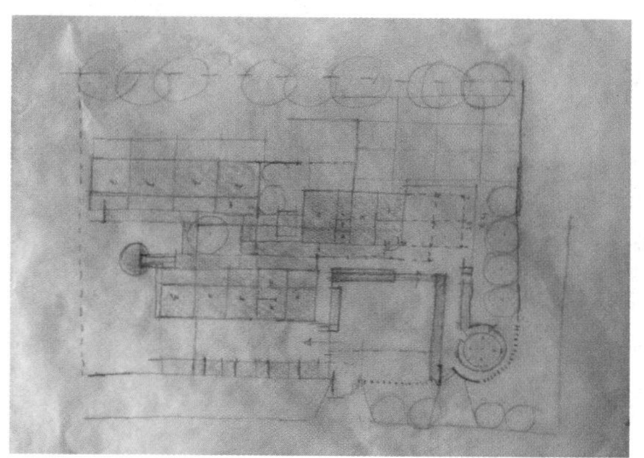

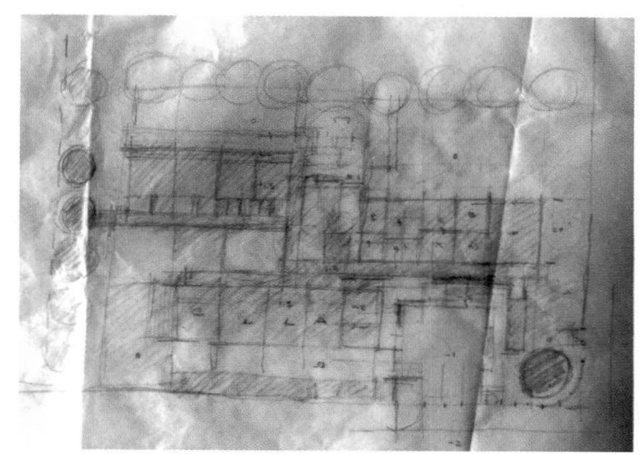

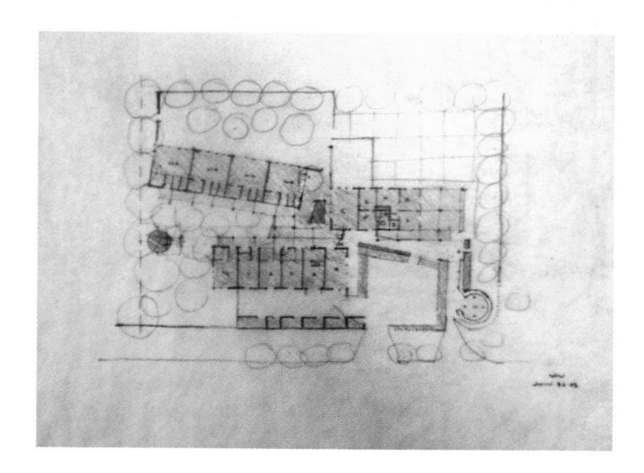

为赞比亚所做的艾滋病预防中心（HIV Center in Zambia）（2010 年至今）
图片反映出从最初的草图到最终模型阶段方案发生的变化

为赞比亚所做的艾滋病预防中心的最终模型（2010 年至今）

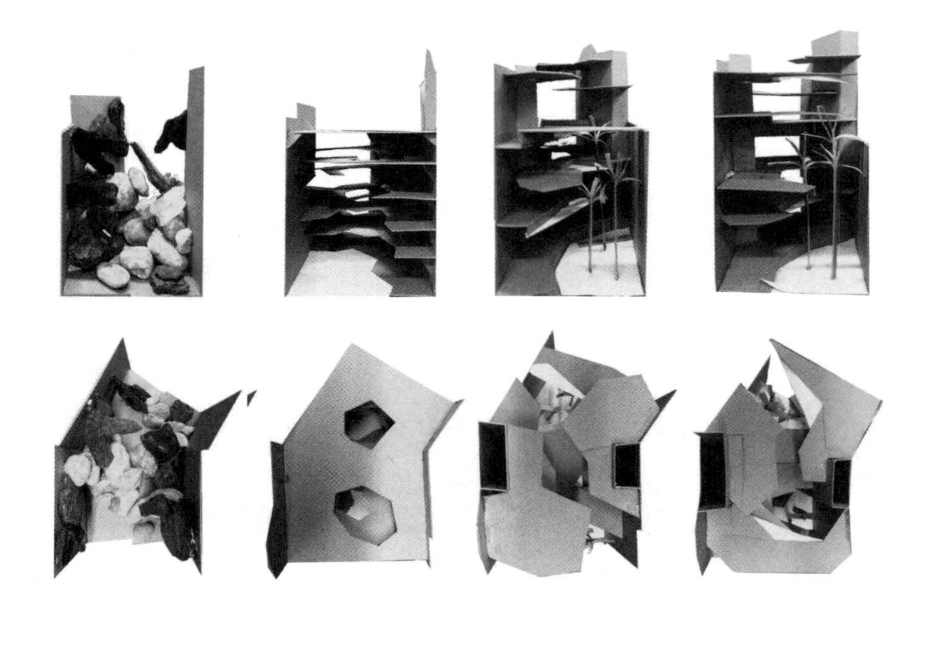

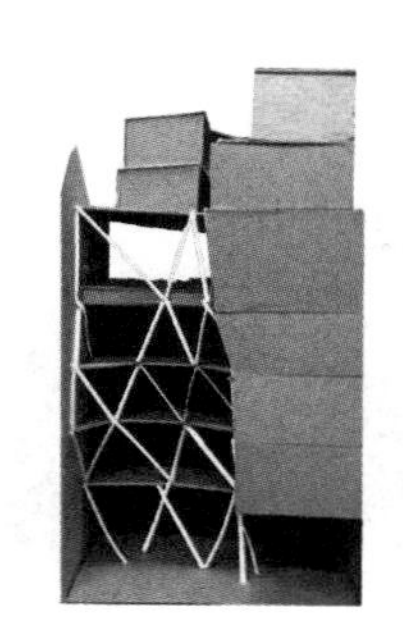

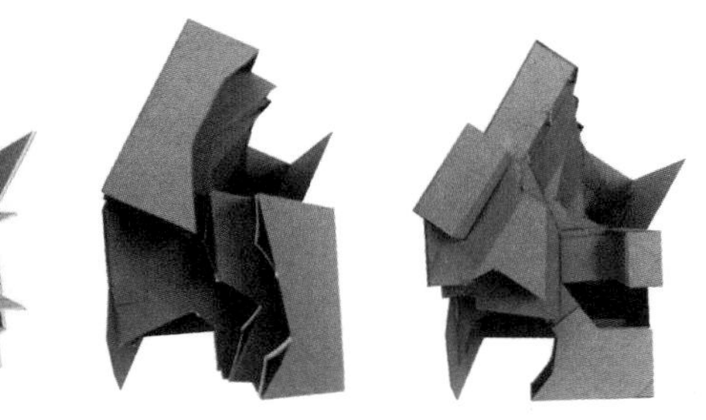
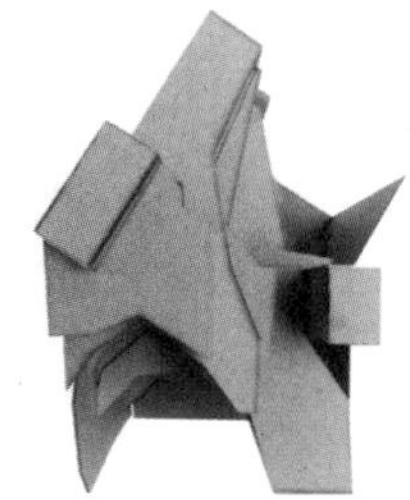

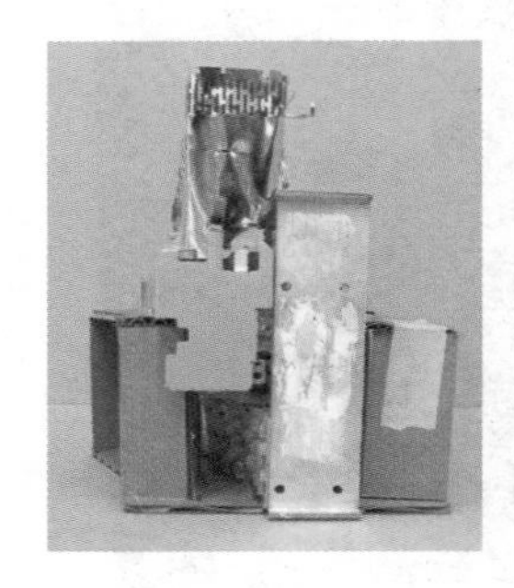

狭窄场地中的建筑，麻省理工学院的学生作业，菲利普·胡（Philip Hu），艾莉森·马卢夫（Alison Malouf）作（2014 年）
（照片由学生拍摄）
通过一系列的方案草图和模型，展示出从最初想法到最终方案的变化

学生：碳纤维。

万普勒：谢谢。现在有三类材料可供我们使用，它们都源自土地。

接下来，我想谈一点对于三种基本区域的观点，也就是基础层，中间层与顶部层。树木是上帝的造物，在我眼中是完美的建筑。树根、主干和枝叶，为什么树叶会长在顶部呢？

学生：为了吸收光线。

万普勒：树为什么要吸收光线？

学生：树的其余部分需要树叶产生的养分。

万普勒：树叶生产的养分让大树开花结果，繁殖延续。在人眼中，树叶很漂亮，还能遮蔽阴凉，但那并不是树叶生长的目的。正如太阳能电池板一样，叶子可以收集阳光并为树木提供能量。我将这一部分叫作顶部的材料。

每一种材料都具备天然的性状，具有各自的用途。如果使用方式不对路，就会感觉很怪。有点像池塘里的一群鸭子。一只鸭妈妈，身后跟着一小鸭。无论你怎么做，也不能改变这群鸭子的习性。它们会一直保持队形。你可以喊叫，或者向它们扔石头，过一会它们还是会排着队走回来。这是一种无法改变的自然趋势。材料也是这样。现在请利用这种概念，推测一些在建筑低处使用的材料的特征。

学生：是一些被紧密压缩的物质。

学生：看起来应该是比较重的材料。比如混凝土。

学生：同样，应该是相对致密和防渗的材料。

学生：砖可以算是一种吗？

万普勒：好吧，那我们就来谈一谈砖。砖材是一种受压材料，自古一直被用来承重，但现在好像不是这么回事了。它已经沦为一种表皮材料。这样说吧，砖是比较沉重的材料，如果发现自己头顶上悬着一大堆砖块，我一定会很紧张——掉下来砸在我脑袋上怎么办？让我们举个更极端的例子。你去采了一块花岗石，切成了花岗石板，然后把它们装在这里。

学生：我们见过这样做的。他们在一栋超高层大楼上用花岗石板，简直不可思议。

万普勒：好，如果在这里用花岗石，我觉得会有点怪异。它会挤压整栋建筑，如果你在头顶上装一块花岗石板——嘣！整个顶棚都会给拽下来的。好了，我们在建筑底层位置还会用到哪些材料呢？

学生：木材。

万普勒：木材是可以的。还有吗？刚说到砖材，混凝土，花岗石，石材，还有哪些沉重的材料？

学生：某些金属。

万普勒：可以用金属材料，但是造价特别贵。现在来说说建筑的顶端区域。假若顶端对应于天空，好比树梢头的枝叶，你会将哪些材料摆在上面？

学生：玻璃。

万普勒：玻璃，很好。

学生：木材。

万普勒：木材也不错。

学生：钢材。

万普勒：轻金属。还有吗？

学生：纤维织物。

万普勒：编织材料用在建筑顶端很合适，它们最像树叶了。当然特种塑料也可以。

学生：对了，纽约一座新建的博物馆里就有。平时看起来像是白色，晚上却是透明的。那是一种新的聚碳酸酯材料。

学生：那会很贵吧？

万普勒：没错，非常昂贵。但是那些材料大多可以重复利用，从这个角度而言也说得过去。

学生：您觉得斯特拉顿中心（Stratton Center）怎么样？

万普勒：那是一栋1960年代建的可怕建筑，简直难以置信。那时候学校还把粗野主义作为一种设计方法教给学生。斯特拉顿中心正属于那种风格。我在市政厅工作过，知道那栋建筑是怎么回事，待在里面难受得很。冬天非常冷，也缺乏亲和力。

学生：但从外面看起来还有点酷。

万普勒：对，那栋建筑能流行就是因为外边看起来挺酷。现在我还是想继续说建筑的不同层次。好了，如果我们手头有一些材料，那么在建筑的中部区域应该选择哪些材料？

学生：钢材。

万普勒：各种钢材都可以用。像是金属格栅。以前那些不可再生的材料现在也可以人工合成了。比如说木材。还有什么吗？用石膏粉做成的抹灰也是一种轻质材料。还有吗？

学生：这有点取决于您说的“中部”究竟在哪。我见过一些墙，比如从上到下都是砖块的清水墙面，中部也是砖材。但这种清水墙在中间换另外的材料可能就不合适了。在单一材料形成的结构中，突然加入其他材料也会有问题吧？

万普勒：我同意。清水墙面通体都用砖材是没错的。

学生：再比如，这栋建筑大部分是由混凝土浇筑的，因此这面墙不是混凝土就是石膏板墙。

万普勒：好吧，我不知道这墙里面是什么。但是……没错，这里是石膏板墙，这里是混凝土的，但这并不是它真正的样子。这栋建筑外面也露出了不少混凝土和石材，想要令人印象深刻，并且装成一栋了不起的建筑——其实它只是一栋实验楼。这类建筑空间非常单调，就像是仓库一样。

学生：也可以先搭上龙骨架，再用其他材料覆盖墙面。

万普勒：对，让我们来建造一面墙，不用混凝土和砖块。我们用金属或者木材搭起龙骨，再把其他的材料附在表面。木材、抹灰和金属都可以扑在表面，在里面安装石膏板或石膏之类的保温材料。按照我的观念和工作方法，建筑主体结构完成后，工人们就开始在结构中心线16英寸外安装龙骨架，装好以后严丝合缝。建筑看起来非常开放，令人激动。在装上石膏板墙后，开放感就消失了，空间被围成盒子。因此要想办法重新打开建筑，比如开个天窗，让光线从顶部透进房间。这不仅是一种装饰，更能营造出空间感。所以，我们在中部区域可以使用各种金属。请问，哪种金属最昂贵，同时也最漂亮呢?

学生：铜。

万普勒：对。铜在表面氧化后，会产生一层铜绿。其他材料也可能产生这种现象，比如混凝土、花岗石和一些硬材料，时间一长都能泛出古色。铜可能这其中是最漂亮的材料了，它会随着岁月的流逝发生自然而然的变化——顺便说一句，因为这里离海比较近，所以铜锈更明显，这和其他地方都不一样。

现在，我们说一说这种材料的另一面。因为加工铜料需要非常多的工序，所以铜并不算是一种可持续的或者说高效的材料。但话说回来，如果你家用铜做了吊顶，它会比你和你的孩子还长久。同样，你要是建造一个石板屋顶，它的寿命可要赛过好几代人。

学生：但是需要养护好才行。

万普勒：如果建得好，并不需要多少养护。我家的房子就是石板屋顶，是1860年建的，到现在也没出什么问题。这种材料真是了不起。作为建筑师，你的工作之一就是在工作时，说服客户使用质量长久可靠的材料。说起来容易做起来难，拿石板屋顶来说，它可比丑陋的沥青屋面贵多了。沥青屋面虽然便宜却只能维持十五年。虽然制造商号称沥青屋面能用二十年，至少在新英格兰（New England）[1]坚持不了这么久。因此建筑师一方面要说服客户使用更好的材料，同时还要盯着预算单，统筹好这两方面。

现在我们转入另一个问题：层次的区分。

当两种材料相互结合时，我不认为那只是简单的拼接。我想，不同材料的邂逅，是应当被庆祝的。它们交错重叠，产生了层次感，一种难以置信的品质由此诞生，好像材料在欢庆彼此的相遇。因此，在处理材料的对接时应当格外谨慎。我不觉得在混凝土表面只是简单地抹一层灰就好了，在混凝土和抹灰相接的地方，至少应该做一处细部的设计，将抹灰切一个斜角滑过去，以此来庆祝混凝土和抹灰的结合。我们可以在混凝土上做出各种细节，比如在模板中插进一些线条，混凝土就会产生充满设计感的纹理。

因此，在做设计时，你必须关注各个层次的衔接。

对话 6

万普勒：最后一次作业，我们要讨论建筑的态

[1] 新英格兰，位于美国东北角、濒临大西洋。新英格兰地区包括缅因州、佛蒙特州、新罕布什尔州、马萨诸塞州，罗得岛州、康涅狄格州。——译者注

度，尽管目前人们已经不怎么考虑这件事了。最好的建筑，不会以眼花缭乱的设计去震撼人的感官，而是以最微小的细节呼应建筑整体的构思。好比在森林中，再微小的植物也能各安其位并和其他树木一同生长。就像一首和谐的交响曲。

学生：我不太明白。

万普勒：好吧，我来解释一下。有些建筑的内部和外部没有任何联系，金玉其外而败絮其中。这就是我所说的“单行道建筑”。它们没有任何内涵，你去过之后绝不会返回去看第二次。而在另一类建筑里，你总能发现一些以前没注意到的细节，故地重游却依旧能让人获得惊喜。

学生：您认为这栋建筑怎么样？

万普勒：你觉得如何？

学生：太可怕了！

万普勒：哪里可怕，能否给出一些理由？

学生：它看起来像是个保险公司大楼，室内也没什么细节。很丑。

万普勒：说得不错。我们在设计时要避免发生这种情况。你们知道汽车粉碎机吗，它能把汽车切成碎片，人们用它回收废金属。但是通过金属碎片的形状和色彩，你还是能猜出它原本是什么车。现在请各位设想，你们的建筑被装进粉碎机里搅碎了，还剩下什么？

学生：只剩建筑的本质了。

万普勒：非常好，你的回答可以得“A”。

请大家制作一个装置，规模控制在一立方英尺内。用它来描述本次设计的精髓。首先要搞清你设计的精髓在哪里。在这么小的体量里，你要展示哪些重要构思？也许这个装置里面会出现光线，或是体现出建筑的细部设计。请使用从商店里购买的实体材料，不要用电脑建模，亲自动手做。首先发起立意，随着工作的进展，最初的想法也许就改变了。请不要事先揣测它完成的样子。只要能忠实反映你的设计内容，形式抽象一些也没有关系。

学生：这个作业没有对错之分吧？

万普勒：当然没有。没有绝对正确和错误的答案。别人怎么说也没关系，只要作业能令你自己满意就好。现在，大家开始做吧。

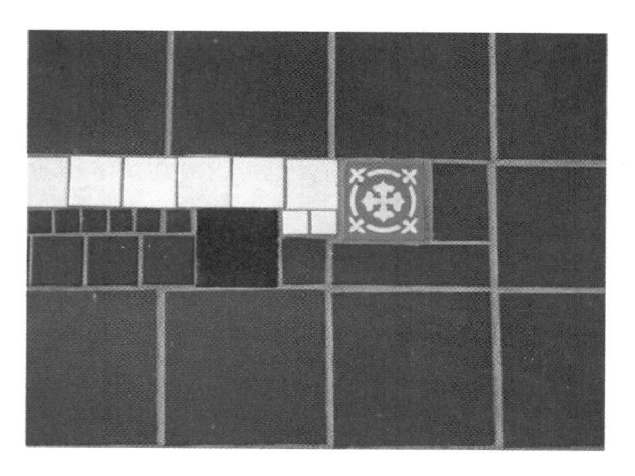

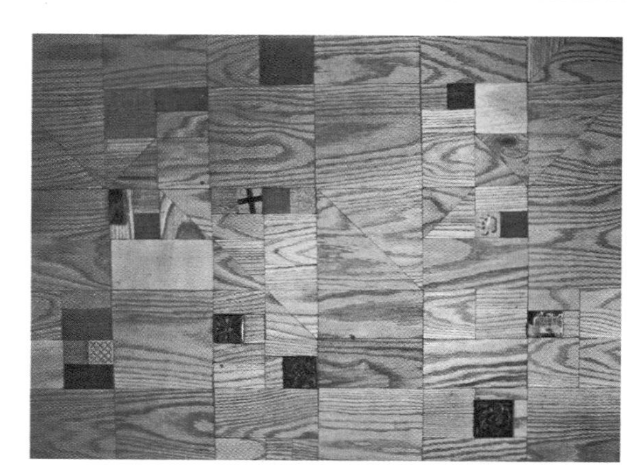

左列和右列：地板，瓷砖，和彩色玻璃的细节都与总体设计相呼应；右列下图：前厅的雕刻品，由家人，朋友和其他参与者共同设计

电子邮件 1

学生：您能不能给我一些关于设计的建议，我应该如何着手呢？

万普勒：你提出了一个好问题，值得我们大家来想一想。对每个人而言，最困难的都是找到一条适于个性的创作之路。我相信这将是我们毕生的目标。毫无疑问，这是高贵的追求，也是至善的求索。如果对周围世界不存质疑，不假思索，那我们的生活便不完整。

在这条求索之路上，我们能够发现一些线索，它们能够指引我们的方向。

没有人能够完全独立。我们的一生会和成百上千的人邂逅，深藏在每个人内心的理念和思想相遇并碰撞，于是便造就了自我。别人如何评价你的观念？这一点极为重要，因为每个人的建议都可能让你豁然开朗。人生的旅程，就像是大家一起乘坐一列漫漫前行的火车。有的人比我们早到，他们通晓了旅程的真意并与我们分享，然后下车结束了旅行。你也会碰到异乡人，你从他们身上可以获得全新的视角。观念相交，不断变化。要记住，正如你内心埋藏着深沉的秘密，每个人都有可能作出不可估量的贡献。对我而言，最棒的灵感都是源于非专业人士的启发。你必须仔细聆听，不能心猿意马。人们的生活充满了不同的智慧，等待着你去理解。

没什么能和清晰的头脑相提并论的了。自从我们踏上人生旅程，就一天也不会停止思考。当然，我也懂得你的意思，你与别人接触越多，就越能打磨自己的思想。一个新的作品，既依赖于原本的经验，同时还需开拓思路，二者缺一不可。旧的经验不可遗忘，但它也会被外部世界打磨而发生变化。人的思想就是如此进步的。

每天都要孜孜不倦地学习新知识。

每日都要开拓新的思路。光阴似箭，每一天都是宝贵的礼物。

也许这并没有完全回答你，请让我继续思考你的问题。发问不息，进步不止。

电子邮件 2

学生：能否告诉我，您认为建筑师扮演着何种角色？我有不少朋友都按部就班进入建筑事务所工作，但我认为建筑师能做的事情不止于此。我希望能为普通人做设计。您是如何为不同年龄的人群设计的呢？不同的人是否有不一样的需求？

万普勒：你邮件中所提的问题很好，值得认真回复。这是一个复杂的问题，也是当今建筑学领域内的核心课题之一。

你问题的核心，是确定我们在为谁做设计。我相信很多建筑师已经忘了他们设计的建筑里还要住人，这些建筑师的兴趣也不在这方面。优秀的建筑总是富有创意，同时也与人的梦想和需求紧密相联。除此以外的一切，不过是无用的时髦装修。

我们必须要理解这一点，并将它作为未来工作的核心要素。

从这一点而言，你的问题正好提到了点子上。

第二个问题是关于选择。

当然，年轻人和老人有着各自不同的需求。基于需求的差异，会产生很多不同的答案。问题在于人们缺乏选择的权利。每个人都应该做出自己的选择。正因为人与人是如此不同，所以不存在四海皆准的解决方案。现在每个人能做的选择都极其有限。你在信中提到了年轻人，它们手中往往只握着一个选项，而广告却在吹捧这就是最佳解决方案。在其他一些地方，你或许能得到很多不一样的答案。波士顿现在就有不少年轻人向往着住进中国式的胡同。美国正在经历着巨大的变化，目前我们正处在过渡时期。

作为建筑师，我们必须在设计中体现出差异和可选择性，人们自己会作出恰当的决定。在北京，我发现人们在建筑领域内并没有多少选择的余地，我认为建筑师应该向大家展示一些更具创造性的成果。当然，接受新观念并做出改变从来就不是容易的事情。在创新的过程中我们会遇到很多障碍，但那也是唯一的出路。

建筑师已经沉默太久了。我们习惯了任由地产商、政客和局外人限定未来的生活。现在我们应当站出来，努力践行自己的理想。

我们要继续寻找并发掘人们的需求，继续探索并尝试新的解决方法。建筑之道，终究需要以人为根本。

水仙的魔力
它们来自一个基本原型，但又形态各异，形式来自于主题的变异而非天生的差异

赏水仙

我与你共赏，
今年的第一朵水仙。
　雨水惊蛰，春风再度。
　你瞧它：
　一枝独秀，破土而出。
　仔细看，
它的形式远胜过你的专著。
一朵绿萼，几点花瓣，
却凑成了姹紫和嫣红。

你想让设计变得丰富，
不能东拼西凑。
须找到
思想的主心骨。

我只求一朵水仙花，
　便心满愿足。

　仔细瞧，
　　　那花瓣嫣红。

教育（一）

毫无疑问，
你想学习建筑的门道，
还是小心为妙。

现在的课堂，
只传授结构知识与工程技巧，
　　不教你思考
　　将多彩的世界设计建造，
　　却教你回避问题，
　　用狭隘的思路自缚手脚。
　　为了大工程，
　　挤破头竞标。
　　　　越建越大，
　　　　越盖越高，
　　　　炫异争奇。
　　你绝不能为此，
　　把光阴消耗。

接受教育十分必要，
　　但无教之教才是目标。
　　努力追寻自我，
　　不受纷乱困扰，
　　更不盲从流俗与时髦。
何以为继？
你需伯乐教导，一位就好。
他是良师益友，
　　全心信任，
　　不吝赐教。
他是空群之选，
　　教书育人，
　　传经送宝。

帮助

你问过我，
如何凭班门之道，
扶危济困，
同时把自己的肚子填饱。

你须扪心自问，
顺从本意。

不必强求，
名利不吸引你；
不要关心，
前沿建筑时髦；
无需顾虑，
新的专业学报；
他们追的时尚，
来得容易，
去得也快。

从心所愿，
你须事事躬亲；
众口难调，
勿听他人非议；
忠于信义，
全心服务人民，
　建筑就水到渠成。
　它与你的美德一同前行。

若想凭班门之道扶危济困，
须记得在这世上，
芸芸众生都难得转机。

正如医生必念诵，
希波克拉底，
你也须稳固信念，
改天换地，
这不能少了你的亲身参与。

我们必救人危困，
不图名利。
但服务清贫百姓，
收入寡淡，
养家糊口着实不易。

也有增收的方法、
补贴的门道，
那得靠加班工作，
忙得不可开交。

时刻坚持，
心中的信念。

以你一技之长，
帮助他人，
也完善自我。

讲座（一）

建筑师必须表明自己的态度。为何做设计，这个问题远比建筑形式来得重要。绝大部分建筑师只关心建筑的外部形式，却很少考虑为何要建造，更不讨论如何以建筑帮助社会取得进步。

我在教学中，总是强调一个问题：为何做设计？如果失去了目标，我们最多算一个受人指使的技术员，跟在那些无视社会问题的财阀和官僚身后亦步亦趋。寡头们不肯承认社会中的每一个个体都蕴含着潜力，他们只关心盈利和赚钱。这个世上有很多人雇不起设计师，幸运的是也有不少建筑师乐于奉献。我们应该积极参与这一类工作。进一步讲，这些设计和工作中体现出的无私奉献的态度，代表着建筑学的未来。

权力与财富的纪念碑，
兴师动众建造，
却被寡头私藏。

未来的建筑属于所有人。
齐心协力
建造，
其乐融融
分享。

下面这个讲座的名字是“建筑师的新定义”。其中提出一种观念，即未来的建筑师应该放下身段，把自己从一个大写的“A”变为小写的“a”。

1. 建筑师的新定义；2. 高高在上的建筑师；3-4. 建筑的风格；5. 建筑师建造的“香水瓶”；6. 上海浦东的“香水瓶建筑”；7.“间隙空间”建筑虽有意义，但却稀少；8. 电影《源泉》(Fountain head) 中，描绘了一个自大狂建筑师，一意孤行，导致了很多失败的建筑；9. 自大狂建筑师设计的作品；10. 电影《源泉》中，描绘建筑师的傲慢自大；11 ~ 14. 与场地、项目、人民都毫无联系的建筑实例；

15 ~ 20. 我们的世界面临的问题，包括污染问题、高速公路、文化的损失与毁灭、交通拥堵，以及自然景观的破坏；21. 纵观历史，人们为了更好的生活迁居城市，但结果往往事与愿违；22. 无论我们住在哪个国家，世界都变得越来越趋同；23. 放下身段的建筑师；24. 工业革命带来自然、社会、经济等多方面问题，世界不堪重负；

25.《电子革命》(The Electronic Revolution) 一书中，建议人们不必聚集在大城市生活，住在小村庄同样可以获得成功；26 ~ 30. 电子革命中出现的设备让我们的联络更加简单方便，人们以全新的方式交互；31. 作为建筑师，我们面临的持续挑战就是帮助人们认识到他们的希望和梦想；32. 由普通人设计的“美洲图案被套”，显示出各种图案、颜色和无穷无尽的变化，体现了非凡的创造力；33. 被套上的简单图形，建筑也应如此简明；34. 我们必须设计“家园”，那是能产生归属感的地方，那里能展现生活的希望，而不单单是建造一栋房屋；35 ~ 38. 在印度，和人们一道建造自己的家园；

39. 每个住宅都应当表现出居住在其中的家庭；40. 一栋位于印度的住宅；41 ~ 42. 与厄瓜多尔当地居民合作，在协助设计社区中心；43. 每一个建筑、村庄、城市，必须在能源、水、食物和垃圾等各个方面自立，并自我维持；44 ~ 45. 布洛克岛住宅，罗得岛州，设计为从供电网络中完全独立出来；46. 我们的设计必须体现出原有的建筑经验，同时恰当体现出新的技术水平；47 ~ 52. 位于巴基斯坦罕萨河谷（Hunza Valley）的学校和社区中心，采用了当地的建筑形式并且就地取材，以当地获取的原料制成新材料，在严寒地区利用日照为建筑提供被动式采暖。这项创举使孩子们有机会一年四季都在社区中心学习。社区中心提供当地所需的教育和技能培训，这种建造方式可以在世界其他区域推广，

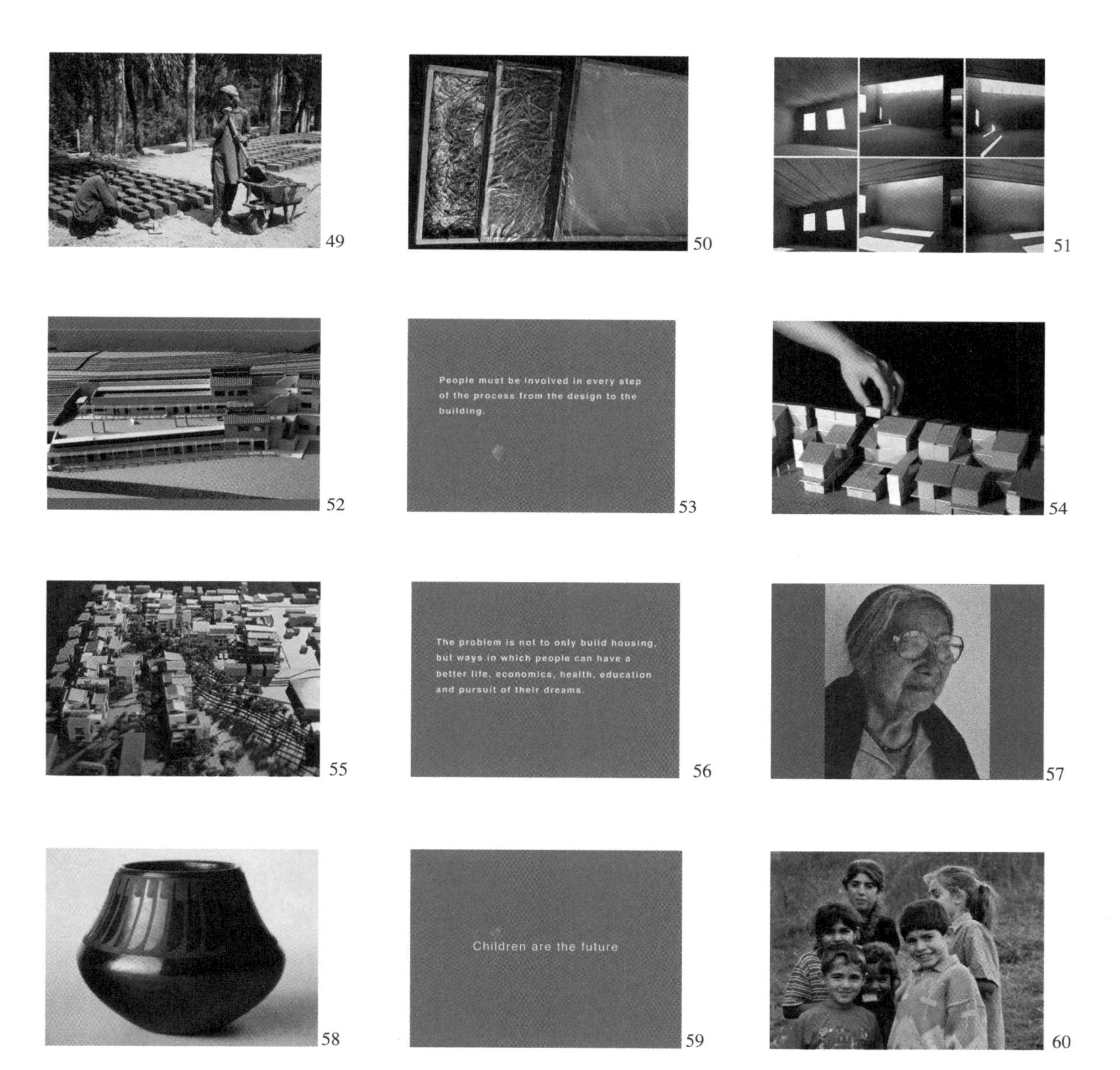

53. 当地居民和住户必须参与村庄和住宅的设计；54 ~ 55. 洪都拉斯一个村落的居民，使用“部件组合”的方法设计他们的村庄；56. 村庄不单单需要建设住宅，我们还必须找到让当地居民赚钱谋生的方法；57. 圣・艾德方索・普韦布洛的玛丽亚・马丁内斯[1]；58. 玛丽亚・马丁内斯所做的黑釉陶器。她改良了制陶技术并传授给普韦布洛的原住民，村民们制作陶器增加了收入，并以此维持生计。目前，黑釉陶已闻名遐迩，广为流传；59. 为了今天的孩子，还有未来的孩子，我们必须做出有态度的设计作品；60. 土耳其的孩子们——他们是未来的希望

---

[1] 玛丽亚・马丁内斯（Maria Martinez）1887—1980，美国原住民艺术家，以富有印第安人民族特色的陶艺作品闻名。——译者注

教育（二）

他们说建筑不是做公益，
谁也帮不了谁。
你心生疑虑，
是否还要继续？

建筑已不是，
为大众的营造。
它一心炒作标志符号，
它结构浮夸奇技淫巧，
它形式封闭自缚手脚。
曾经万众仰慕，
如今令人鄙夷。

终有一天我们将回归人民，
重拾尊敬需要共同的努力。
我们不止是工程技师，
摆脱控制，独自而立。
我们要大声谴责，
世界上的所有不公平；
我们要公开质疑，
安排给自己的那些设计；
建筑师不止要工作，
还应该顶天立地！
我们可以塑造全世界，
我们可以帮助全世界。
全新的一天，
必将到来！

提问（一）

你提出了问题：
怎样让建筑变得更好？
这问题难于回答！
　如果在热恋中心存疑虑，
　那只说明你还没准备好。

建筑和爱情，
拥有相同的诀窍。
　　你若依赖他人的指教，
　　那便不妙。
　　你心存疑虑，
　　　一定是还未通晓，
　　　建筑的门道。

你若走进和谐的建筑，
必定能感受得到：
　　它恰如其分，
　　处在正确轨道。
　　它材料精准，
　　将形式塑造。
　　形式又顺应着，
　　大地的指导。

　　它以人为本，
　　使用者的身体知晓。
　　其中隐含的秩序，
　　便是建筑之道。
　　设计总体观念，
　　化作缤纷营造。
　　光线悄然，
　　充盈了空间；
　　空间沉静，
　　形成了场所。

　　那里是留恋的所在，
　　吸引人旧地重游；
　　那里是温馨的故园，
　　领着孩子们玩耍停留。
　　垂直和水平，
　　合纵了天与地，肝胆相照，
　　增一分嫌多，
　　减一分又少，
　　秩序感依靠细节织造。

你已经明白建筑如何才妙。
　　无需多问，
　　　　它的道理，
　　　　如爱一般玄妙。

提问（二）

你想要继续深造，
疑惑要选哪一所学校。
　　这问题难以回答，
　　却又重要。
　　这取决于你的心头所好，
　　也取决于你的腰间荷包，
　　还取决于毕业后的目标。
变数繁多，令人困扰！

现在开始仔细听好：
　　开销越昂贵，
　　　并不代表学校就好；
　　当心科研先行的学校，
　　　那里一向轻视
　　　教学和指导；
　　避开追逐风潮的学校，
　　在那里容易迷失，
　　　如何做你自己都被忘掉；
　　提防模仿抄袭的山寨学校，
　　　它们亦步亦趋，
　　　连北都找不到；
　　躲开声名远播的名牌学校，
　　　那里虚荣浮夸，
　　　你算哪位它不知道。

仔细来挑。
　　要找花销低廉的朴素学校，
　　学费越少越好；
　　要找教书育人的负责学校，
　　那里教学先导；
　　要找教师参与建筑实践的踏实学校，
　　　建筑师应该何以为继，
　　　导师言传身教。
　　要找一所学校，
　　怀着帮助全世界的进步目标，
　　　其中的人满怀真意，
　　　履行建筑之道。

再去学校听听，
　　那里的学生说些门道，
　　　身临其境，
　　　教学情况他们最知道。
　　再听那里的老师，
　　在教师里，在讲台上，
　　　如何教导。
　　　不要被侃侃而谈的言辞感染，

那是专门准备，
让你惊异的表演和说教。

妥善考虑好，
哪所学校符合你的需要。
不要顾及名气的大小，
要看你的目标，
是否契合学校。

接受教育只是刚刚起跑，
你须在实践中追求真道。
若能寻求真我，
学习则渠成水到，
这也是你人生的目标。

人们的生活起居，
我们可以影响得到，
建筑师可以利国利民，
也能贻害一方。

关于教育，你需要
权衡利弊，细细思考。

新的旅程

同我一起，
展开新旅程。
和同志相随，
一起开拓我们的新未来，
伴着喜乐，
怀着爱心，
带着承诺，
关注全世界，
关注你和我。
我们唱着歌出发，
开始新的历程。

七 | 间隙空间

从一个城市的公共空间中，可以看出这个城市的品质。公共空间是人类文化与历史的明镜，映射着城市居民的生活与福祉。

在当下，城市是最主要的商业交流场所；而未来的城市会变为各种观念汇聚交流的枢纽。因此，有必要在数量和质量之外提出一种新的空间环境——间隙空间（space between）。

由于人口的增长和自然资源的枯竭，建筑之间的空间变得越发重要。过去十年，我们对自然资源的掠夺与破坏已经超过了 20 世纪的总和。对人而言，土地不再是一种取之不尽的资源。继续建造毫无关联、与自然分裂的建筑物已经没有前途。我们要寻求融入自然的方式。在未来，人类的城市和景观将与自然和谐统一。我们之前在设计和建造建筑时，既没有顾及建筑间的关系，更没有从城市角度作出宏观考虑。事实上，城市建筑与景观布局并不成功，并未被社会所接受。建筑物之间的空余，是不受欢迎且无法居住的危险废土。

建筑已经沦为，
金主的纪念碑；
建筑师以建筑，
博取个人关注。
除此以外，
只剩荒芜的建筑空隙。

为了改变现状，我们应当在开发公共空间时加入更多感性的思考。公共空间不仅是市政建设的一部分，同时也塑造了市民的邻里关系。目前社区发展并不健康，已经阻碍了大家的工作和生活，它们是城市空废墟中漂浮的孤岛。如何才能利用公共空间庇佑市民，并反映出我们的城市文化呢？

让我们来畅想一种健康理想的公共空间吧。城市空间中充满欢乐，蜿蜒的小径围绕着令人向往的场所，人们在其中穿行，欣赏着周围的美丽景观。落日的余晖为一切都镀上金色，花朵从人们脚下生长出来，它们正是树林里的小小建筑。

路径和场所填充了建筑内外，进一步构成我们的社区与城市。这将会改变我们对于城市的观念。

城市将变成
社区活动的场所，
影响居民的
健康与喜乐幸福。
还提供出新的资源，
这众望所归的空间。

在我们的城市中，有不少关于间隙空间的优秀实例，大部分都出现在以往的年代。

它们存在于小广场、街道、小巷之中。居民彼此相熟，邻里关系和谐健康。路上车辆不多，孩子们在街上恣意奔跑玩耍。拐角商店、杂货铺、办公室，间杂在各式各样的住宅之间。居民中既有年轻夫妇和单身者，也有热闹的大家庭。迥异的功能与不同的需求，积极地组合在一起，多样的行为造就了不同的空间肌理。在目前的土地分区和建筑法规下，这些曾代表着宜居城市的案例已经难以再现了。积极的公共空间不仅是人们交流汇聚的场所，更应该被当作一种城市发展理念来讨论。

意大利的锡耶纳（siena），就是一座将间隙空间融入其独特个性和历史的欧洲小城。那里的城市空间被建筑所加强，变成了令人印象深刻的实体。狭窄的街道和建筑，形成一种特殊的依存关系，融为一体。在锡耶纳的城中小径漫步真是一种令人愉悦的体验。

夏天烈日当头，街道上却非常凉爽。街旁的建筑遮挡了太阳，只有一小部分阳光被窗户反射。店主与过路人在门廊处寒暄。晚餐时，你可能会听到隔壁吃饭时餐具的响动，或者是邻居谈话的声音。人是如此贴近生活。街道是共用的空间、是操场，也是与人谈话和注目观赏的地方。

坎波广场（The Compo）也许是世界上最著名的间隙空间，锡耶纳的小街都汇集在这里。那空间如凝固的诗篇，将广场变为了小城的起居室，更是锡耶纳居民生活中不可或缺的场所。孩子们在这里玩耍，朋友们在这里寒暄，情人们在这里倾诉爱意，即兴的表演也在这里上映。这些元素都让城市更加积极健康。它随着时间、光线变化，始终保持着蓬勃的朝气，充满生活气息。锡耶纳每年会举行两次盛大的赛马会[1]，骑手在坎波广场上骑马追逐，市民在街道上举行规模盛大的盛装游行。对锡耶纳而言这是一项意义非凡的传统赛事。

所有的人，

男女老幼，

都成为这城市传统的一分子。

在间隙空间中，活得生气勃勃。

举行赛马会时，坎波广场的外围就变成了跑马道。人们聚集在广场中央观看比赛，环绕广场的建筑则是更好的看台，出挑的阳台上架起凉棚，像是建筑向广场伸出的臂膀。

锡耶纳的每个街区都会选出一匹赛马出战，准备工作在赛前很多天就已经展开。在比赛前夜，大家在街道上摆开宴席庆贺祈福。大伙把桌子摆上了街头，一字铺开，邻居们就在室外大快朵颐。此时，街道变成了宴请宾客的大餐厅。觥筹交错之间，大家互致酒辞，共同祝福骑手和赛马能在明天的比赛中交上好运。街道的感觉变得非常特别，空间中充满生活的气氛——今晚，它变成了整个城市的会客厅。在赛马会之后，城市恢复了平静，而坎波广场依然是千变万化生活的中心。

在美国马萨诸塞州的玛莎葡萄园岛（Martha's Vineyard）上，有一个叫作“奥克布拉夫斯”的小镇子，那里间隙空间的特征与锡耶纳十分相似。奥克布拉夫斯又被称为“屋城”（Cottage City），由

---

[1] 锡耶纳的派利奥赛马会（Palio di Siena），在每年7月2日和8月16日举行。——译者注

我们的任务

设计做得漂亮，
还远远不够。
　　人们虽然爱慕，
　　大屋房的金碧辉煌，
　　但也同样需要，
　　建筑间的多彩空隙，
　　还需要照顾，
　　平凡人的劳苦奔忙。
这些都是重中之重。

我们不仅是工程技师，
　　我们还知道市民活得艰辛，
　　也明白他们的生存所需。
　　设计不能当作，
　　麻木编写的建筑程序。

不只建造房屋，
我们还能设计建筑中的生活
　　与生活中的乐趣。

不止是建筑师，
　　我们还可以影响，
　　人们的生活起居。
　　　　从善如流，
　　　　或是身负骂名？

我们应该仔细权衡利弊。

循道宗[1]教徒在十九世纪为新英格兰海岸的人民修建的静修营地演变而来。最初，有一些家庭帐篷环聚在举行宗教集会的中心大营帐周围。此后人们逐渐用永久建筑代替了帐篷。新建的小屋大约都是二十二英尺宽，与原先的帐篷差不多大小，中心营帐则演变成为集会大厅。与其说是实体建筑，它更像是一个巨大的遮蔽物。它的屋顶浮于地面之上，在天空下遮罩起巨大的空间。同乡的人们有着共同的纽带，他们聚集在一起，逐渐形成了场所和路径，人们依此格局搭建帐篷和建筑。这些路径和场所充满生机，生活气息浓厚。由于没有常驻居民，因此人口并没有扩张，一直保持着利于人际交往的规模。直到现在，奥克布拉夫斯的居民大多都是旅人和静修者。

正如锡耶纳的赛马会，奥克布拉夫斯也有一年一度的传统庆典。每年的仲夏之夜，那里都会举行“提灯节”。人们在屋子前面挂起灯烛，大家提着灯笼聚拢在大厅四周，空间在摇曳的光线中熠熠生辉。

在温暖的仲夏夜，
在安宁的空间里，
人群聚拢光线摇曳。
平凡的一切将会升华，
变得超凡脱俗。

波多黎各的圣胡安，同样也是一个由场所和路径构成的城市。西班牙皇室在16世纪颁布了《印第安法案》（Low of Indies）[2]，期望以此为蓝图在新世界建立殖民城市。城市平面一般布局为九个相互毗邻的方格，最中心是一片方形的广场。通常在广场一端布置教堂和公共建筑，而另一端则是商业建筑。其余的格子里都塞满了住宅。为了便于居住，建设者们重复建立面积相仿的方形街区，在其中加入公共空间。加勒比海地区以及南美洲的西班牙殖民城市大多使用这种简单的组织结构，只在地形和城市规模方面有所差异。圣胡安老城被城墙包围，只有两个城门将城市内外联系起来，因此显得既封闭又紧凑。街道与路径、广场、场所和建筑物，各个元素在间隙空间的积极串联下，交融为一个整体。

在城门的后方，首先布置了公共用房，再经过院落过渡进入私密区域的房间。因此，公共部分与私人区域之间的过渡非常柔和。街上的行人的视线，也许无意间穿过院门，便看到了主人的生活空间——公共与私密在这一刻沟通了起来。悬空的阳台与街道遥相呼应，加剧了这种联系。夜晚，街道上人流川息，各得其乐。

年轻人聚集在
街道的转角。

---

[1] 循道宗（Methodism），又称“卫斯理宗”或“卫理公会”，是基督教新教主要宗派之一，主要分布于美国与英国。——译者注

[2] “印第安法案”（Laws of Indies）是16世纪由西班牙皇室颁布的一系列法律的总称。总体而言，皇室以这些法律管制西班牙海外殖民地（美洲、菲律宾）的社会、政治和经济生活，同时还以此调节殖民者与当地人的关系。——译者注

老人们，

在广场上悠然散步。

这些城市建筑的间隙空间带给人们愉悦的生活体验，产生了非常积极的作用，并为未来城市与社区设计提供了线索。

在未来，新型社区可以由一系列场所和路径组成。每种元素都包含着特定的功能，同时也对整个社区起到促进作用。街道更低速，更加步行化，人与人之间会发生更多的随机联系；在新型的社区中，居民关系会因间隙空间变得更为紧密，人的生活填充了间隙空间，社区将更安全、更人性化。

我们的空间，

成为生活的舞台。

而建筑，

就是布景与帷幕。

“在这大世界的舞台上，

男男女女是络绎不绝的演员，

他们都将登场，也终会谢幕。”

——莎士比亚戏剧《如你所愿》，第二幕，场景七

房屋的入口，变成了道路末端的场所，人们可以在这里寒暄。门廊则是房屋内部私密空间向外部世界的转换。这些空间增进了人与人的互动。阶梯、围墙、大门、路缘石的材质——所有的细枝末节，一同构成了城市的建筑，在绚烂的间隙空间中盛开。

间隙空间（一）

无论在房屋里，
　或是建筑的间隙，
　空间才是，
　　永恒的主题。

我们却堆砌实体，
像是蒙昧的孩子，
在橱柜上摆弄香水瓶。

建筑造型百怪千奇，
　建得越来越高，
　追捧城市地标，
　总想着向资本卑躬哈腰。

不能把生活关进房间里。
　生活的火花，
　闪耀在建筑的间隙。
　那里却是混凝土织就的废土，
　　空无一物。

但市民却在这空间中，
　编织了生活和社区。

不要忘记村里的水井，
　村民在那里相聚，
　不光饮水和灌溉，
　还要寒暄家常，
　联络思想。

我们必须设计空间，
那不仅是实体的堆砌，
还是生活的场地。

未来的新型社区将以公共空间和间隙空间为中心，如何管理这些空间是一个非常重要的问题。路径和场所也许是由附近的人们负责维护和管理的。

在未来的社区中

公共场所

与间隙空间

将经由大家的双手打理关照

我在大量的工作实践中不断探寻建筑的答案，发展出一些表现和理解空间的新途径，包括以更多样化和形式化的方式来操作间隙空间。设计其实是建造的逆过程，首先要考虑空间，然后才是实体。这并不意味着实体不重要，而是指设计实体的同时也要构思实体间空余的部分。这项研究以重新定义路径的空间关系为起始，为路径与场所提出不同的解读：场所可以理解为特殊的被限定区域，而路径则是将不同规模的场所串连在一起的线性元素。

我以波士顿的路易斯堡广场（Louisburg Square）为起点，开始了对于间隙空间的研究。那里几乎是整个波士顿包容性最强的地方。我制作出整个广场和公共设施的模型，甚至包括周边建筑的模型。我用树脂玻璃标记出“间隙空间”与“静态空间”的边界，并用它们模拟被感知空间的大小和形状。此外，我还仔细评估了从私密空间到公共空间的转换过程，使用不同色彩指示出不同类型的空间。

除此之外，我还选择了若干不同规模与密度的区域作为研究对象。大到哈佛广场，小到街边公园，遍布波士顿的大街小巷。

我以空间作为媒介，对路径和场所进行了再设计。路径和场所不仅仅是二维的平面元素，我尝试着将它们设计为自地面发起的，在底部、中部和顶部区域都各具特征的立体形态。我还对空间之间的转换进行了研究。至此，我对公共空间、半公共空间、半私密空间与私密空间作出一系列定义，并建立了模型以研究它们之间的关系。在学生观察和分析了现有的空间后，发现空间总是以一定的尺度出现，同时具备近似的尺寸。这些尺寸中不仅包括人体尺度，还涉及窗户、门、建筑物和街道的基本尺度。

基于以上的研究，我开发出一套“间隙空间”的空间模块。

这套空间模块有点类似小孩子们玩的积木，也有点像建筑师设计时搭建的基本体量模型。它是一种很有价值的工具，能够帮助设计人员拓展思路，借助不同常规的新方式去思考问题。

如何才能使城市更加宜居？或许，以上的研究将为这个问题提供一种新的解读。

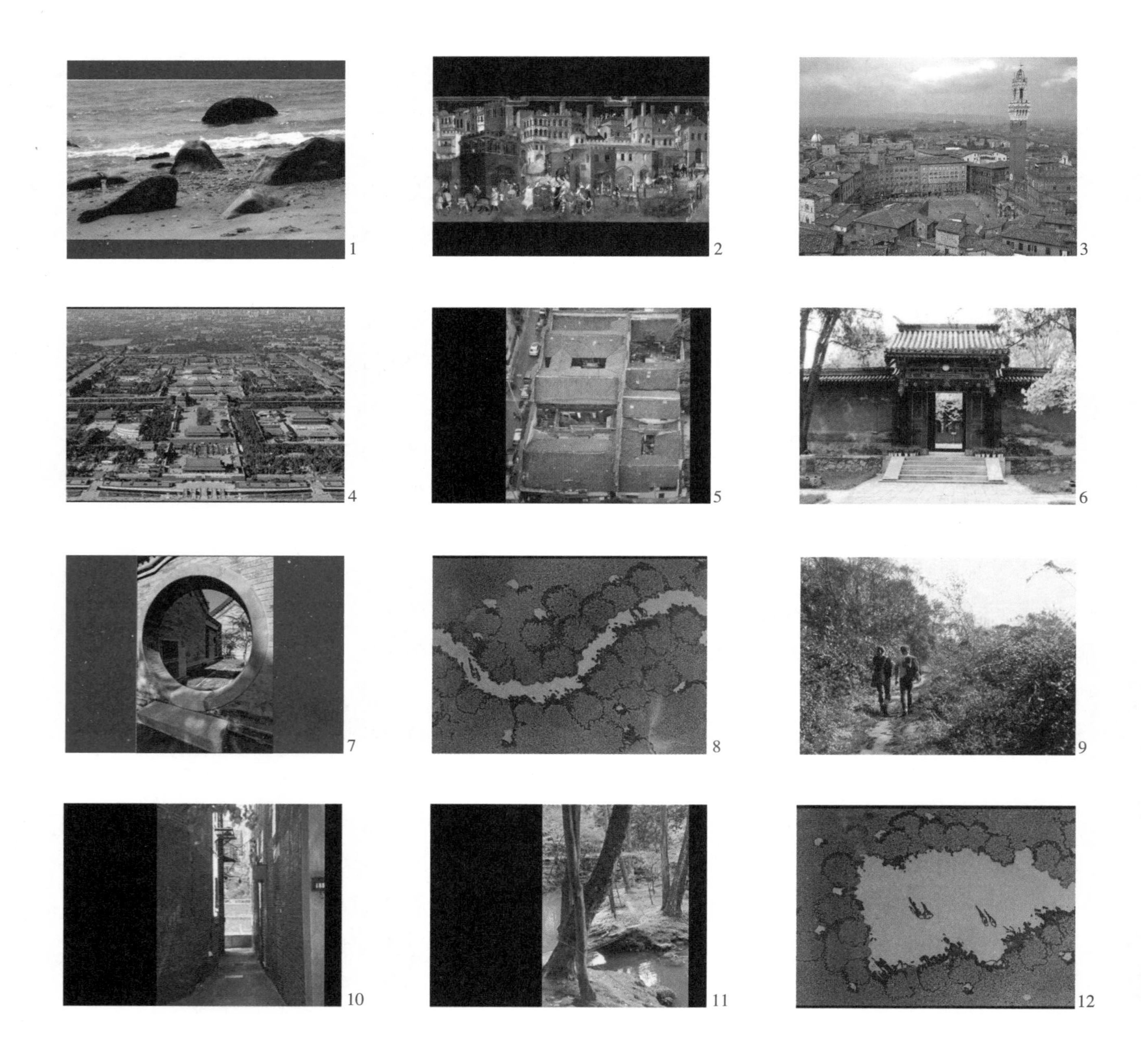

13

14

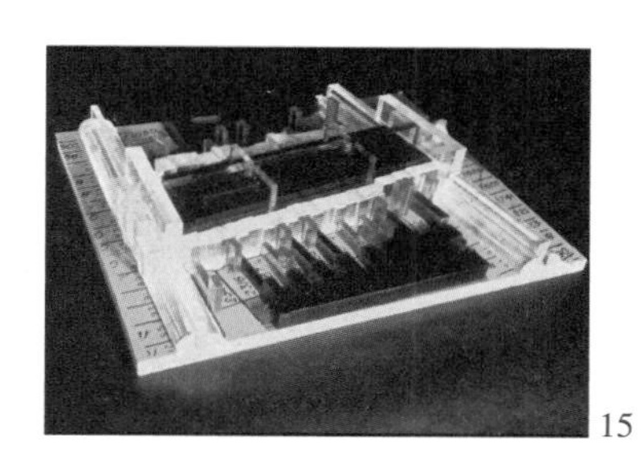
15

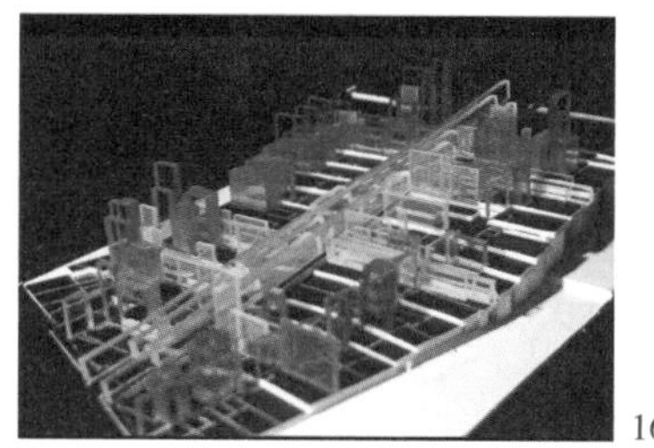
16

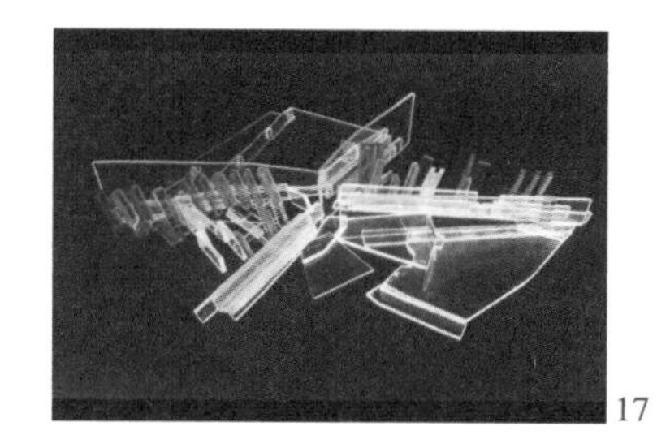
17

18

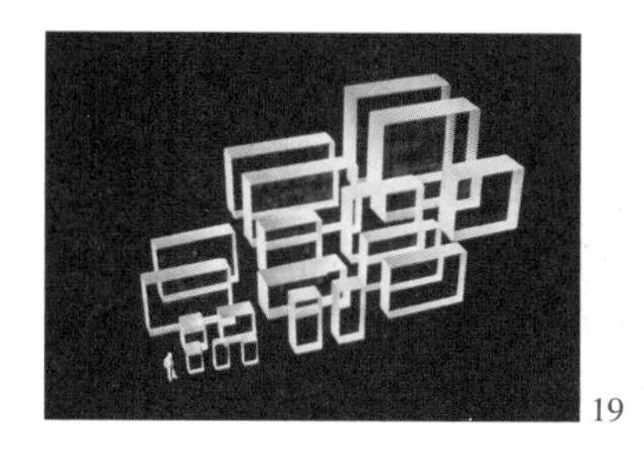
19

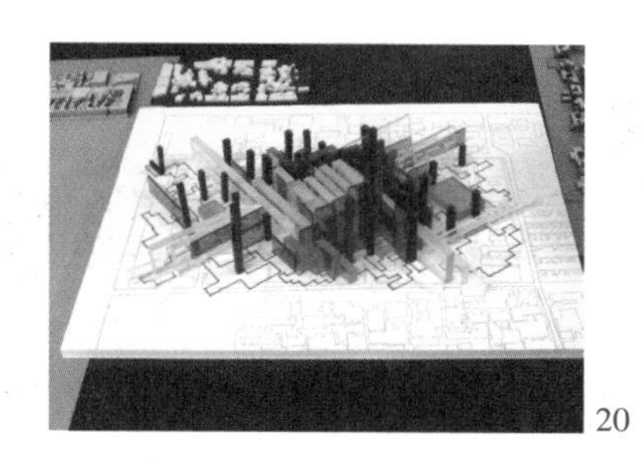
20

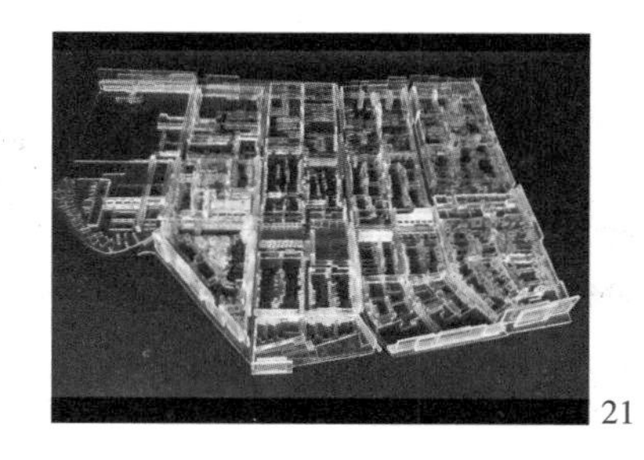
21

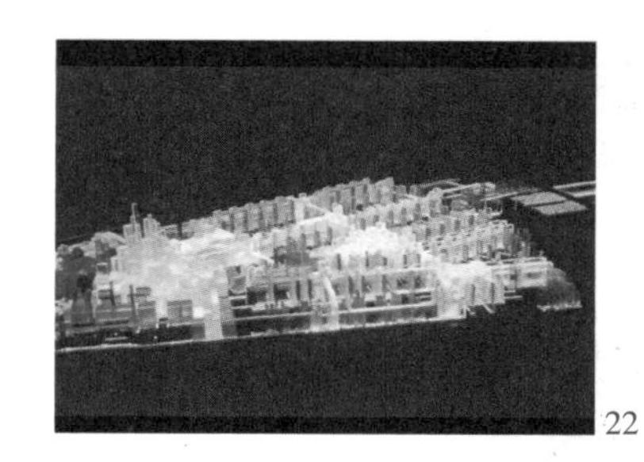
22

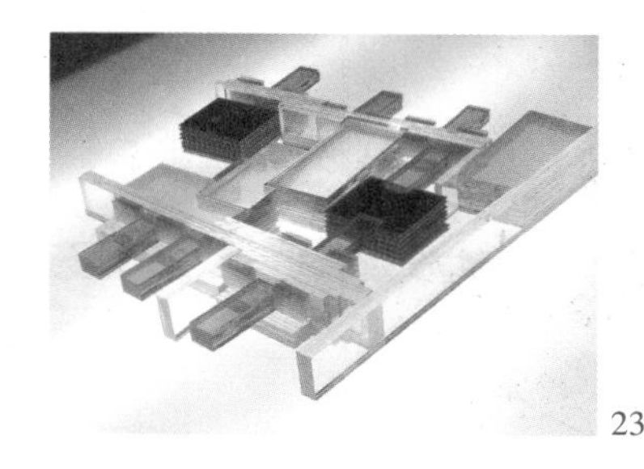
23

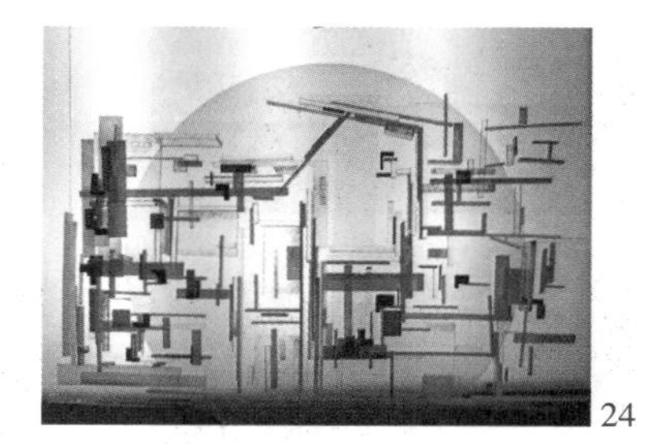
24

讲座（二）

1. 石块之间的空间；2. 意大利锡耶纳市政厅中的壁画，描绘了描绘了欣欣向荣的城市生活与街道中的“间隙空间”；3. 意大利锡耶纳的坎波广场，是全世界最负盛名的城市客厅；4. 北京的紫禁城，利用空间组织并协调各个建筑的关系；5. 在典型中国院落住宅中，房屋围绕着居于中心的院子；6. 从内部空间到外部空间的过渡；7. 月洞门——空间的转换；8. 穿越而过的小径，为树林带来了生气；9. 一条平常的林间小路，路边开满了野花；10. 城市中的小路；11. 日本园林中的小径；12. 一片树林中的空地，阳光洒在开满鲜花的地面上；13. 我们为波士顿的广场制作的第一个空间模型，避实就虚——模型中的有机玻璃所代表的并不是实体，而是空间的关系；14. 中国山水园林中，整体与部分之间没有分别——大制不割；15 ~ 18. 一些“间隙空间”的实例模型，展示出其中的路径与场所；19. 基于人体尺度发展出的“间隙空间”模组；20 ~ 24. 设计实例，我们在设计中首先利用模组扮演空间关系，其次才设计建筑实体

（图片简 · 万普勒及工作室学生等拍摄）

岩石之间的间隙空间。我们的任务不仅是设计“岩石”，更重要的是设计岩石之间的空间

间隙空间（二）

生命的光辉，
　充盈空间间隙。

想象一片森林，
那里有安宁的场所
与蜿蜒的小径。
小径将你指引，
还给森林带来秩序；
光线照亮场所，
那是林地中的一抹空余。
　没有了场所和小径，
　森林也将失去意义。

沿路前行，
　缤纷的花朵，
　在日光下，
　争奇斗艳，
　遍铺脚底。

这片开阔场地，
　空间明朗清晰。
　一阵强音，
　惊破黑暗密林，
　欢乐在这场所中汇聚。

路径与场所
为森林赋予了意义。
　而这些元素，
　同时也是建筑的主题。

每一座建筑的内在，
都生长着一片森林。

路径便是线索，
它串联着整体；
市民和谐凝聚，
是场所赐予的良机。

　这便是
　建筑的初心。

八 | 援助建设与国际项目

只有建筑学才能够统合建造的世界。而建筑师，我认为那是所有塑造世界的人的总称。当然，其他专业也在解决现实世界的问题并且关注人类发展所产生的影响，但建筑师是惟一能够统合建造的职业。最近几年，人们建了很多粗陋的建筑，它们既不关心现实，对世界也毫无贡献可言。

怎样建造这个世界？建筑师应当做出更强势的回应了。要建立一套知识体系，帮助我们理解建造行为的影响。只有在建筑的各个层级：资源、材料、土地，以及文化的连续性中（这是最重要的一点）都贯彻可持续的发展概念，新的建筑形式才能破土而出。问题在于：如何改变全世界的建筑？也许，以美洲织毯的设计和制造过程为例，我们能为建筑设计指出一条新路。美洲原住民以简单直观的法则解决问题，使用手边的材料建造了最初的美洲建筑。被毯是一种最基本的建筑形式，它遮盖我们的身体并提供了严寒中的遮蔽，是妇女用双手编织的建筑。织毯的花式和设计种类繁多，但都是由边角料和废料制成，并遵循着持续发展的模式。织毯大多平凡无奇，也有异常精致的，但都利用手头的资源并贯彻了简单的概念。未来建筑或许也将通过类似的方式形成。

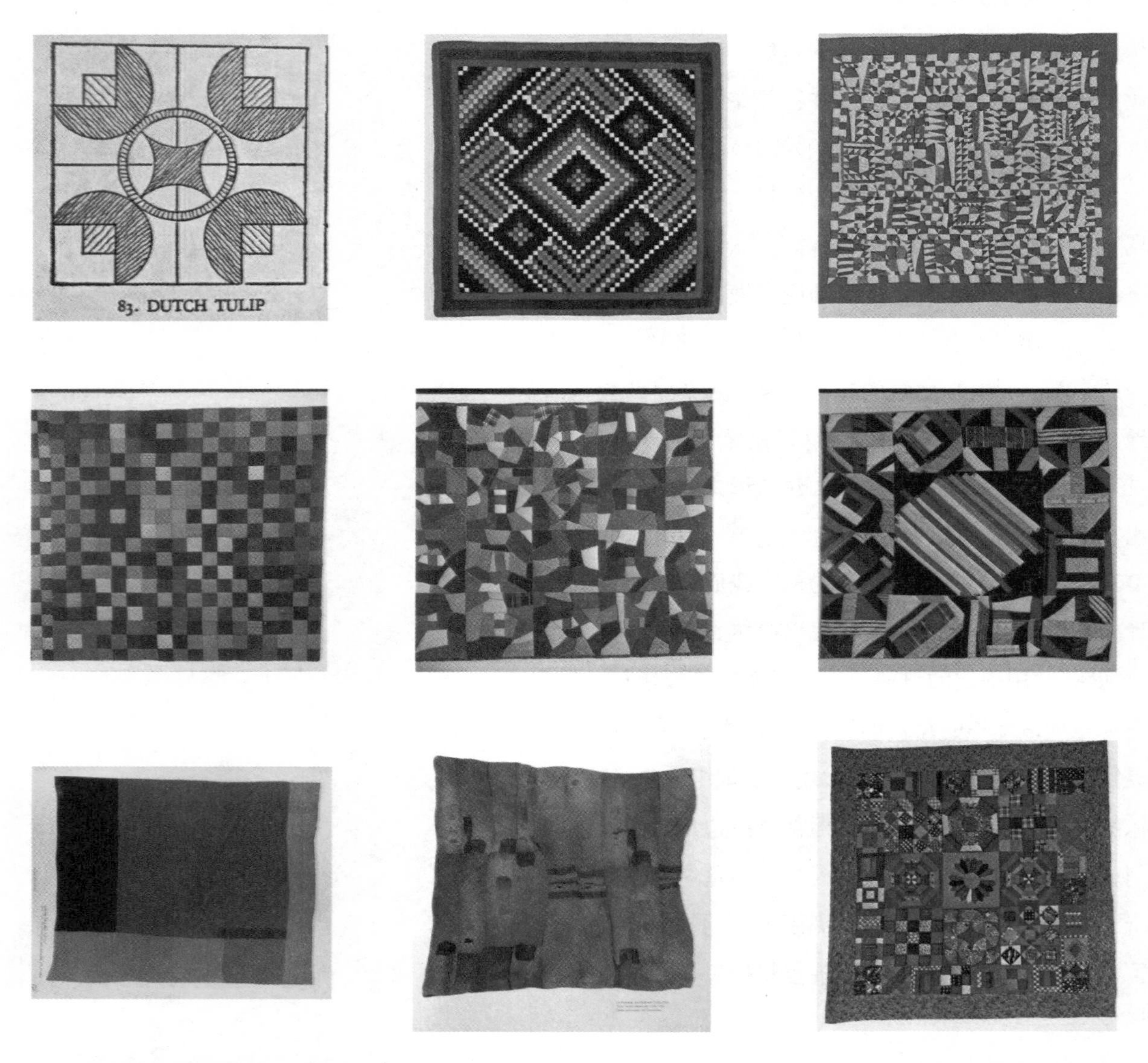

手工织毯讲述着精彩的故事。它们都依照简单的方法，使用布头和脚料制作。平凡的织毯工人展现出了丰富多彩的想象力与千差万别的多样性

反差

大地深沉的色调，
　点缀着农民们，
　星星点点鲜艳衣裳。
　干硬的土壤上耕种，
　收获了生活的喜乐。

反差无所不在。
　这里锦衣玉食，
　那里却还有个，
　食不果腹的异乡。

　一个家庭的
　喜怒哀乐，
　　一个社群的
　　悲欢离合。

我们无法圆满成就自己，
　除非我们能明白，
　所有人都属于

世界的大家庭。

我们正处在一个有趣的时代，世界各地都在经历城市化。通常认为，人们会聚集在城市冒险拼搏以求更好的生活。历史已经证明，产业革命后人口已逐渐从农村迁移至中心城市。经济发展需要大量的廉价劳动力的支持，而这也是城市不断发展的原因。

目前我们还无法确认定居城市是否能为人带来更好的生活。许多地区无法为大量新迁入人口提供基础设施，城市发展面临深重的问题，甚至走到了崩溃的边缘。城市移民发现城里的日子还不如农村老家：食物紧缺，住房匮乏，疾病蔓延。可一旦进了城，再想回归农村生活也很困难。在某些地方，城市边缘居民的预期寿命越来越低。

也许还有另一条出路。农村地区现在可以通过电子通信与外部世界联系。正如产业革命曾彻底改变我们的生活，电子革命也对我们的生活模式产生了巨大的影响。偏远地区能够通过网络搜寻信息、接受教育、沟通联络，甚至开展电子商务。新的“微村落”概念结合了文化、场所营造与技术中最有优势的部分，为发展全新的生活模式提供了思路。

在这项新技术的统合下，我们对于世界文化的理解、对于本土资源的掌控、对于当地建筑的把握、对土地本质的认识等，这些观念将串联在一起，形成新建筑诞生的土壤。

二十多年前，我发起了“国际工作营”（International Workshops）课程项目，专门关注这个问题。“工作营”由建筑、规划和工程背景的学生组成，在一学期时间内为某个选定的地区做一项设计。我有意将不同专业背景混合在一起，以产生更具开放性的解决方案。我们会在课程中讨论多种多样的问题，教学生动而富有活力，而最终的实践作品往往体现出丰富的思想内涵和建筑特征。

工作营有两项主要宗旨。首先让学生接触陌生的文化与人群，其次是以设计帮助那些从没有和建筑师打过交道的穷人。在所有的项目中，我们都把重点放在“微村落”这一概念上。

在此期间，我们在二十多个国家建造了住宅、医疗中心、社区中心、儿童中心和村庄等项目。这项工作不只是学术研究，所有项目都有实实在在的场地和客户，并且基于实际需求建造。

多年来工作方法不断发展，但都具备一些相同的要素。

首先，我们会实地考察，对项目基址、当地文化、当地建筑和区域历史做一番全面的调研。得到调研结果后，我们开始着手与当地社区组织联络，共同协作并确定客户的需求，确定人们对于未来生活的期望。通常，我们会在调研时就着手设计方案，回到学校后再充分发展，填充细节。在这个阶段，我们会建立一个通信系统，与当地社区交互联络。

第二次去现场时，我们通常会带上做好的初步设计，有时也会邀请客户到学校来协商方案。如果客户满意，我们就把方案交给当地建筑师和工程师，由他们负责检查和调整。在确定方案符合施工的要求后，我们会雇佣当地工人并使用本地材料开工建设。工人中有很多都是志愿者，还有不少是在校学生。

我的学生们从工作营的经历中受益良多，往往改变了他们未来的建筑观念。这些年来，有超过两百名学生参与了此项实践。

1. 夏威夷项目（Hawaii Project）:

夏威夷是一座美丽的岛屿，被繁茂的热带植物所覆盖，拥有美不胜收的山峦和沙滩。那里是一个神奇的地方。

然而，夏威夷九成以上的食品从美国本土或其他国家进口。说来奇怪，那里的土地肥沃而气候温暖，本应该满足当地居民的食品需求。

夏威夷却没有多少耕地，大部分的土地都被用作住宅和商业项目，这是当地旅游业的支柱。一群年轻人希望在夏威夷岛发展有机农场，解决当地的食品问题。

一位投资人邀请我们设计一座规模很大的有机农场。他认为夏威夷岛应该自给自足，并尽可能可持续地发展。

我与学生一道去了夏威夷，此行的任务是设计一个从事农业生产并能够自给自足的社区。

我们的设计对象中包括很多年轻人，他们经济能力有限，没有钱盖住宅。因此，我们选择当地材料建造房屋，同时只提供最基本的结构框架作为起始。年轻农民们当时挣得不多，但随着收入增加，几年后他们便可以加建自己的房屋了。我们正是随着这条思路发起了设计。方案中体现了一些灵活性，为了容纳未来可能的空间需求，房屋可以加建到两层。建筑不会定格在一个时间点，而是依照需求发生变化。时间不断流逝，房屋也添砖加瓦，逐步变成了一个家。

我们尝试使用当地的材料建造，经过反复试验后最终选择了竹子与集装箱托盘，还测试出竹子在劈裂前所能弯曲的极限。

我们在浴室的设计中尝试了一些基础建构方法。先建起单层框架并用幕布围合起来，然后在弯曲的竹屋顶上蒙上帆布。内部的功能齐全，包括堆肥厕所、淋浴间、盥洗设施、厨房和收集雨水系统。房屋中安装着最小瓦数的电灯，由太阳能电池板供电。

住宅则被集合为一个单体建筑，同时兼有社区活动中心的功能。每个住宅都可以作为社区生活的中心，家庭之间随时可以相互帮助。

和集合住宅一样，耕地也将分配给每个农户。农民可以在播种和收获的农忙时节相互帮忙。毫无疑问，过去的农民都是这样协作生产的。

我们在一些节点区域设置了服务农业生产的公共建筑，社区各处都可以方便地使用。

我们希望通过这个项目，以我们的设计鼓励年轻人来这里从事农业生产。也许有朝一日，夏威夷可以依靠本土种植的食物自给自足。

2. 海地的项目——复兴计划，海地的希望（Haiti Project）

2011年海地发生了大地震，成千上万的人不幸罹难，太子港（Port-au-Prince）[1]的一大片区域被夷为平地。

直至今日，还有数千人居住在临时帐篷中，水源、食品、医疗和住宅都严重匮乏。

他们邀请了我，为解决海地的住宅问题设想一些新的思路。

即便在地震前，太子港的人居环境也谈不上健康。住宅拥挤不堪，人们在逼仄的空间里生老病死。和世界上其他国家一样，人们聚集在首都，梦想能过上更好的日子。但大多数人的生活并没有任何改善，甚至比在农村时还要差，还有很多人流离失所。

我们不打算继续在太子港搞建设。我和学生与当地居民协同工作，提出了一个替代方案。这个方案以去"中心化"的思路，将海地各处设计了九个副中心。

我们希望在这个满目疮痍的国家，在人民心中重建希望与尊严。首先，我们在阿尔卡艾（Arcahaie）设计了一座可持续农场。那里位于太子港北部，处于震区之外。这个村庄可以庇佑一千人，为他们提供工作及教育与医疗设施。如果立即采取行动，定居点在一百天之内就可以建成。很多人参与其中，包括当地一些社会活动家、麻省理工学院的研究人员格西·劳恩斯（Gerthy Lahens）与他工作室的学生，麻省理工学院设在当地的咨询委员会和哈佛大学的工作人员。大家通力合作，为了同一个目标努力。

我们工作的重点是建立小型社区，以此缓解太子港的人口溢出问题。建立新型社区不但是本次设计的核心，同时也为探索可持续的人居环境提供新的模版。由于当地人一无所有，我们只能尝试使用全新的方法解决问题。新的村庄不但为人们提供住房，还将提供教育机会，教授农业技术。我们设计了一系列基础设施，包括寄宿学校、菜园、卫生站、社区中心和艺术中心，一座水塔为农田灌溉系统供水；最后我们还设计了计算机中心和一个就业中心。

阿尔卡艾的小孩一般都上不起学，也没钱参加技能培训。新建成的学校将为孩子们提供接受教育的机会，而定居点利用太阳能和风能发电。这里生产的农产品不但能够供应本地人，还可以出售到周边地区。整个方案包括了以下内容：房屋、农田、苗圃和种子库、天然食品商店、公共卫生中心、学校、成人教育中心、净水厂。这些建筑都以农业废料、生物炭、风能和太阳能为能源。当地妇女团体负责一些专门设施的运营，包括餐厅、服装店、艺术和工艺品商店、电脑网络和维修中心、电影院、伤口处理中心以及一所宾馆。

通常援建项目都会建造住宅区，但这却并不能提高人们的生活质量。人们需要的不只是住宅，只

---

[1] 太子港是海地共和国的首都，同时也是海地最大的港市。——译者注

采用竹子与帆布等简易材料搭建的浴室，夏威夷州的农场浴室，夏威夷

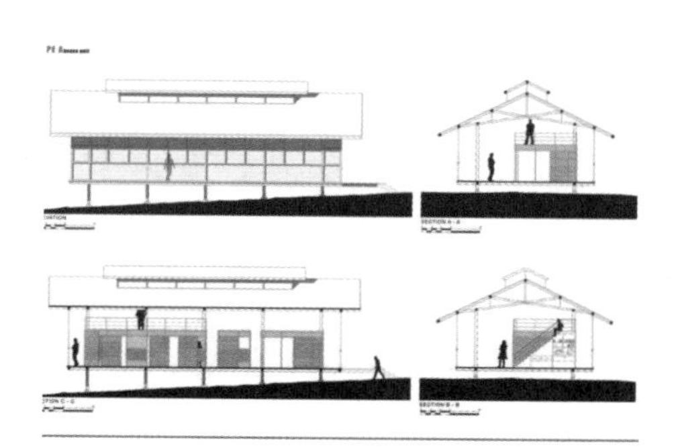

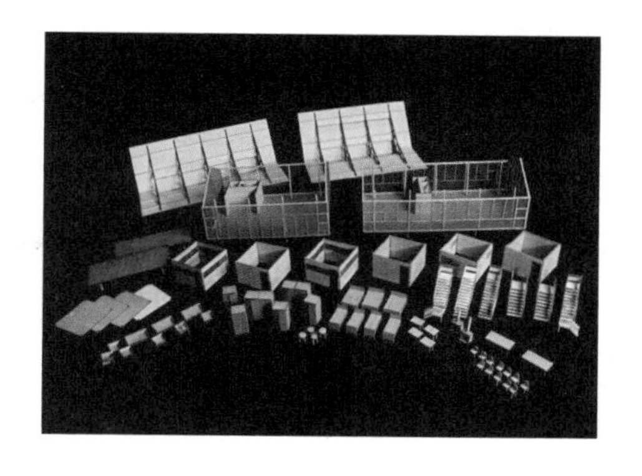

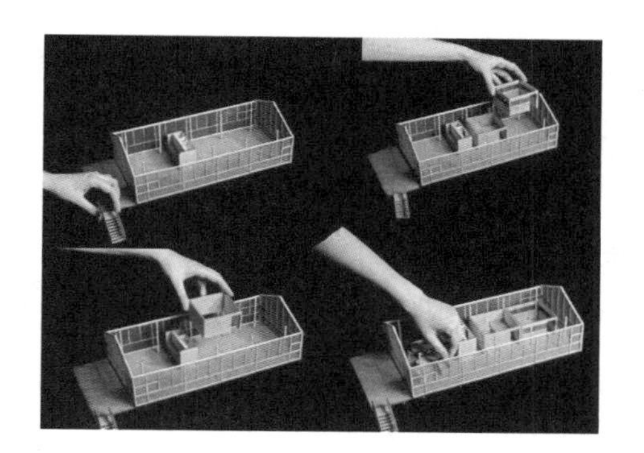

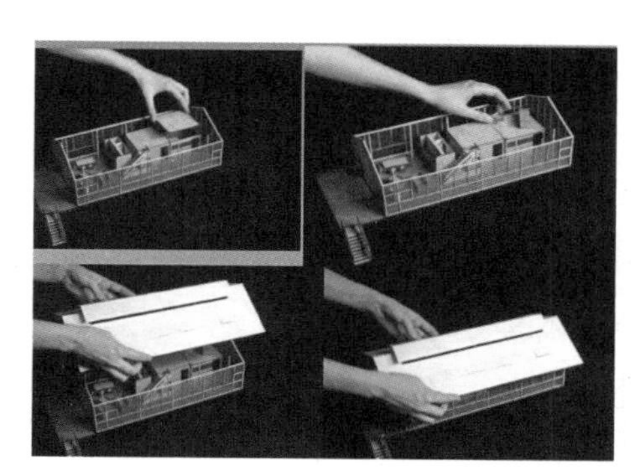

夏威夷州的农场方案与模型，左列，当地自然条件；住宅剖面图；集合住宅模型；右列，集合住宅模型（图片由夏威夷国际工作室学生制作）

有通过教育和技术培训让居民掌握一技之长，才能从根本上增加他们的收入。

为了达到这个目标，我们选择了竹子和夯土作为主要建筑材料。这些材料在当地唾手可得，而国外的进口材料需要远道运输而来。竹子的用途十分广泛。竹笋可以食用，竹身可以用来建造，竹纤维可以编织衣物。我们计划在阿尔卡艾建立一所职业教育中心,培训人们生产加工竹材。在掌握技能后，居民们不但能够建造自己的住宅,还可以制作家具。生产的家具可以满足定居点的使用需求，同样也可以出售到其他地方。

在下一步计划中，村里打算建立一个三百英亩大的竹场，再配套建设一个设计制造竹丝服装的小工厂。

阿尔卡艾定居点，将成为太子港卫星城计划中第一个建成的实例。这个积贫的国家将会向前迈出坚实的一步。

主要参与人员：简・万普勒与塔尔・戈登堡（Tal Goldenberg），赖安・杜恩（Ryan Doone），阿曼达・莱韦斯克（Amanda Levesque），R・托里科（R.Torrico）与艾拉・温德尔（Ira Winder）。

3. 土耳其（Turkey）工作营

1999 年 8 月 17 日凌晨，土耳其中西部发生 7.4 级地震，建筑在剧烈摇晃中分崩离析，而此时人们正在熟睡。成千上万的家庭逃离了自己的家园。截至 9 月 6 日，有 15000 人死亡，25000 人受伤。至少有两千栋建筑倒塌，超过一百二十万栋建筑无法修复，六十万人需要紧急住房。

十月中旬,我和学生赶往土耳其考察震区情况。我们访问了帐篷城中的人们,收集了一些当地信息。这次访问促成了之后的项目和合作。

虽然项目的主要目的是为了震区灾民设计住宅，同时也可以作为一种新型社区的范例——一种基于可再生资源，使用当地材料并适应地形，同时适应当地文化的建筑语汇。最重要的是，设计中反映了居民的价值与梦想。这个社区可以作为一个适宜居住、充满欢乐的典型，为世界其他地方的社区建设树立榜样。它表明在一个场所精神被极度重视的区域内，我们仍可以通过一种新的视角来对待周围的生存环境。

土耳其工作营的主要目标，是为了震区中五十个无家可归的家庭提供永久性住房。我们要注意灾难对人的心理影响，这一点非常重要，住宅的设计要营造出舒适的居住环境和开放空间，同时也不能建得太高。

项目主要面对低收入家庭，其他收入水平的家庭也可以申请。

我们所关注的内容，不仅局限于物理结构和设计准则。我们更希望能帮助到普通人的现实生活。如果这里的孩子有机会去念大学，学校也许会因他们重建家园的行为而录取他们。至少，他们能够在设计方面帮助自己的村庄，毕竟世界上 99% 的建筑物都是在没有建筑师帮助的情况下达成的。

海地项目（Haiti Project）的住宅与学校模型细节（2001 年至今）（图片由海地国际工作营学生提供）

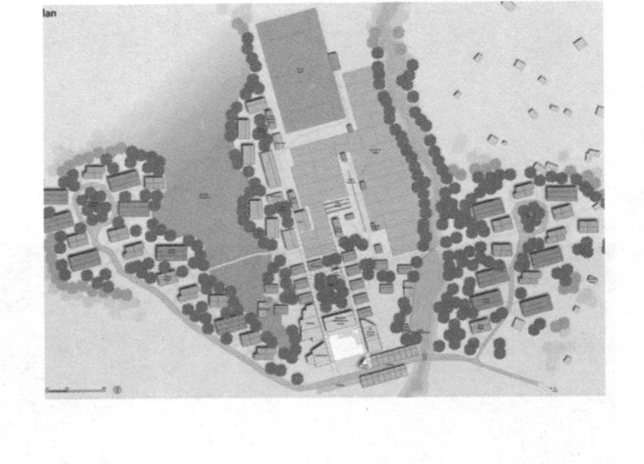

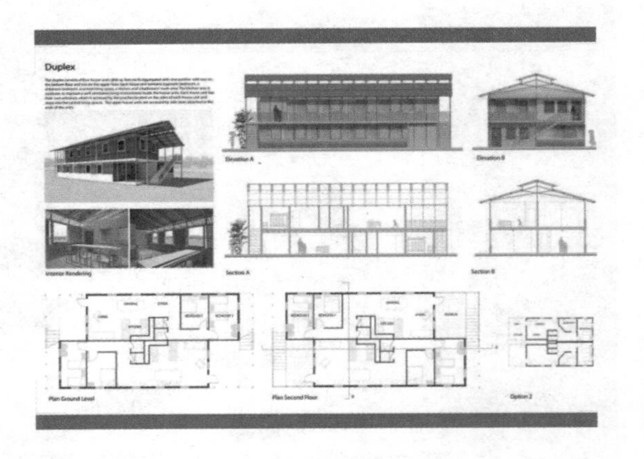
Duplex
Elevation A
Elevation B
Interior Rendering
Section A
Section B
Plan Ground Level
Plan Second Floor
Option 2

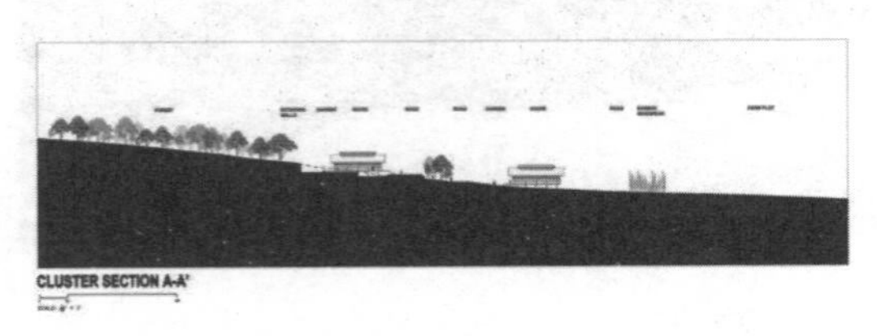
CLUSTER SECTION A-A'

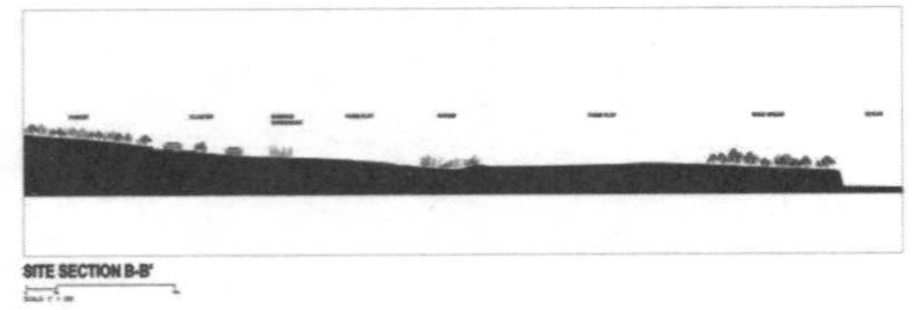
SITE SECTION B-B'

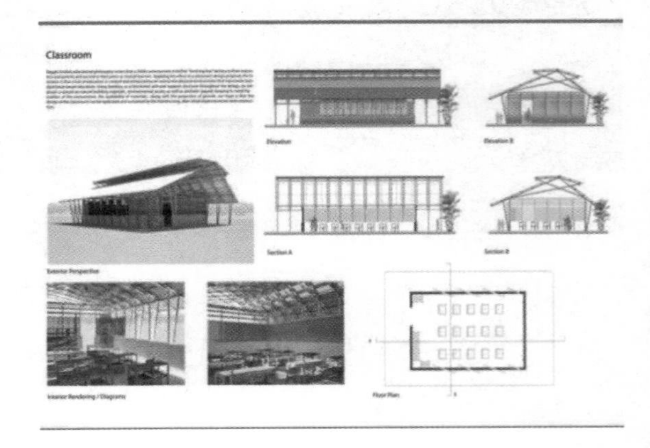
Classroom
Elevation
Elevation B
Exterior Perspective
Section A
Section B
Interior Rendering / Diagrams
Floor Plan

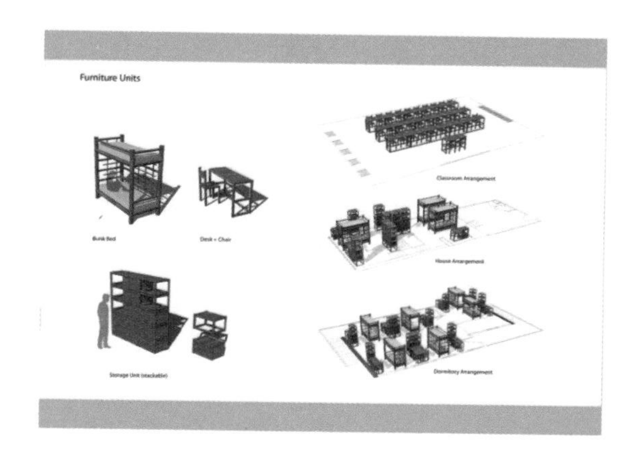

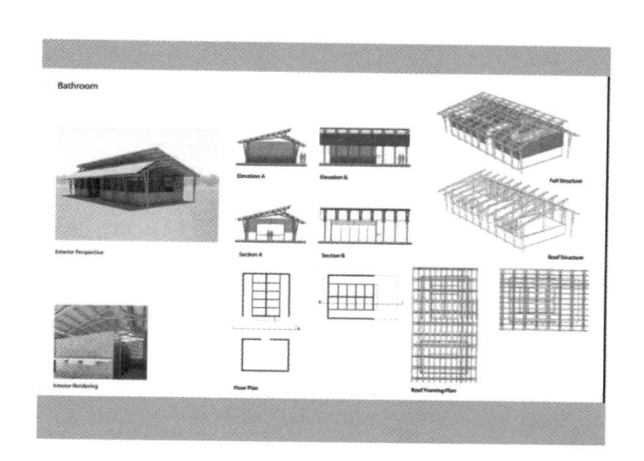

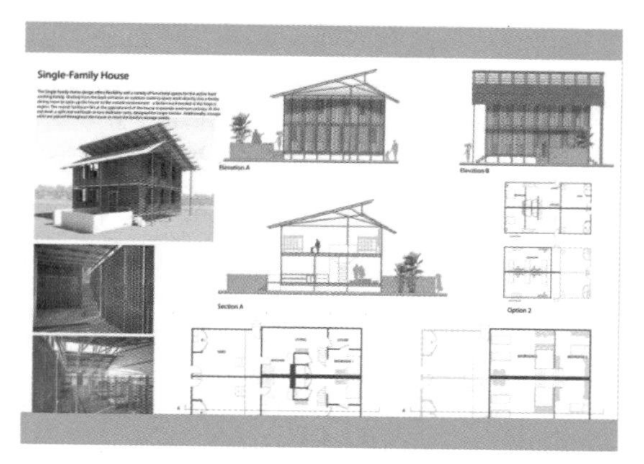

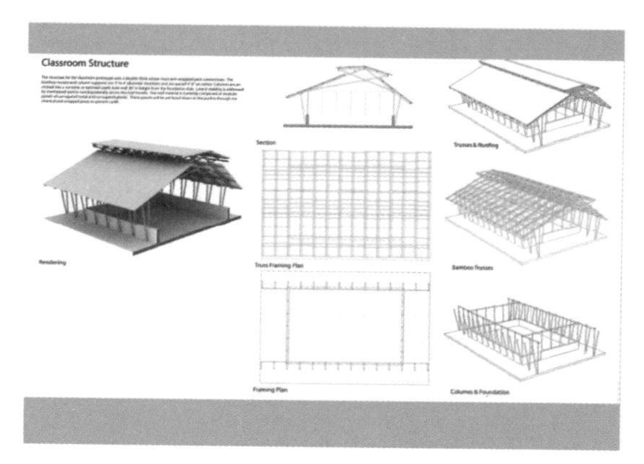

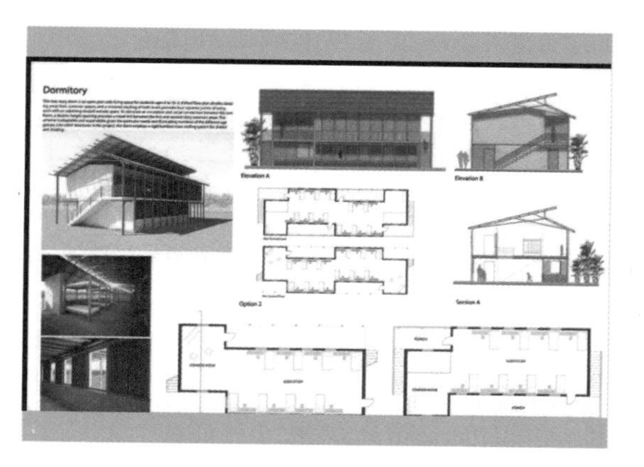

第一列，位于海地的建筑场地与地形断面图；
第二、三、四列，村落方案，首层平面图，建筑立面图和剖面图，利用当地竹材建造；第四列最后一张图片是村落方案的模型照片
（图片由海地国际工作室学生制作）

当地学生需要的，只是一部数码相机和能够发送电子邮件的网络，而我发现目前几乎所有国家都能提供这两样东西。

在我的指导下，工作营的同学们给当地学生做设计老师。我们为孩子们布置一套题目，一共包括十个练习作业。通过这套训练，他们可以掌握一些基本的设计方法。我们还建立了网站，介绍绘制平面图、剖面图和立面图的方法，教授控制比例、建造模型的方法，引导初学者建立良好的基本设计原则，同时提供实例解释设计原理。在网络课程中我们首先引导学生观察自己的村庄，绘制出住宅现状的平面图，再尝试设计出新住宅的平面图与其他房屋。最终学生会尝试着设计一个小村庄。

对我来说，这是作为建筑师能够帮助这个世界的另一条途径。

在住宅项目中我们强调“宜居空间”的概念，尝试着让住户能够和新建住宅发生联系，同时让住宅具备一定的可辨识性。设计方案中融入了土耳其人的生活与习俗，延续当地具有亲和力的公共空间和外廊空间，尊重当地人高度互动性的社交生活。

我们的设计会提供房屋的结构框架与基础设计，而居民则在房屋中布置自己的生活，把房屋变成家园。居民可以通过建设单位，按照自己的需求定制预先设计好的阳台、壁龛和悬挑构件。

我们欢迎居民参与到房屋设计中来，让住宅更具个人感和辨识性。同时，参与房屋的设计与建造能够增进住户的主人翁意识。

土耳其项目中结合了可持续性的设计，将节能、节水、废水循环利用以及固体垃圾处理等方面的问题纳入设计范围。我们在设计中充分利用自然采光和通风。利用太阳能电池板和风力发电机提供电力，利用水窖收集雨水供社区使用。道路旁的农田则用生活废水转变的肥料灌溉滋养。此外，项目还为微型企业创造发展空间，为当地居民和社区提供固定收入。我们将居民编为小组，组织大家学习搭建桁架与木框架的技巧，同时也教授其他建筑技术，在今后的社区项目中村民可以自己动手，发挥自己的作用。

我们将方案设计成居民喜闻乐见的形式，并将造价控制在可接受的范围，这有助于当地人恢复稳定的生活状态。住宅单元周围环绕着一系列公共空间。社区中的公共建筑则设立在住宅组团的中心位置。我们设置了一个小医务室，一个日托中心，一个带有计算机室和多功能厅的小型图书馆。建立公共中心的初衷，是促进社区的社会和经济发展。

这个项目将作为一个宜居社区的典范在土耳其各地推广。同时，也将为世界其他地方起到示范作用。

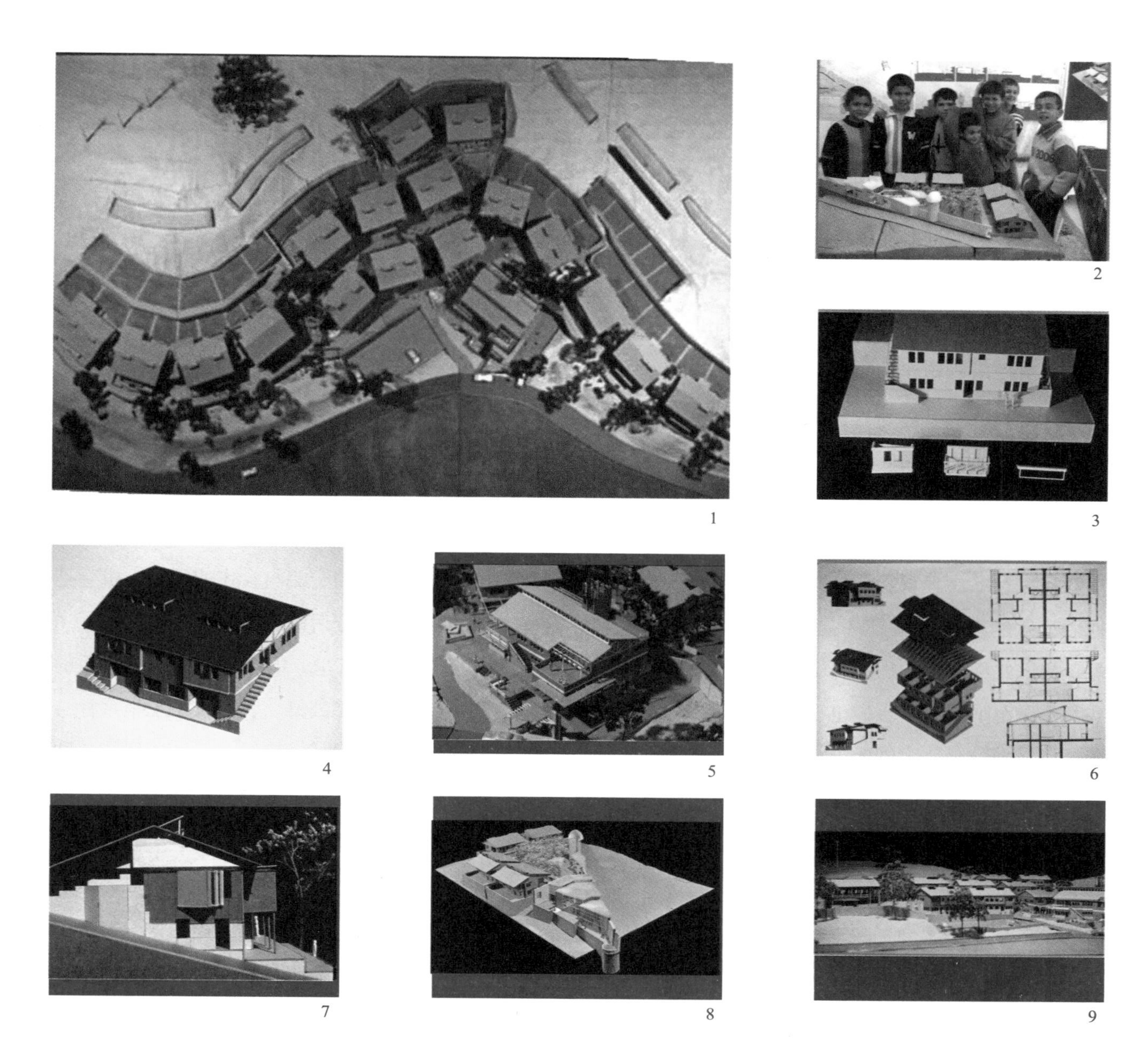

土耳其（Project）项目（2002 年—2006 年）（图片由土耳其国际工作营学生制作）
1. 基地模型，第一个村落的平面模型；2. 村中的小居民；3. 包含着可选择设计元素的个人住宅；
4. 范型住房；5. 社区中心；6. 分解视图，用以描述房子的施工细节；
7. 第二个村庄的初步模型；8. 第二个村庄的社区中心模型；9. 第一个村庄的模型

“10000 名建筑师计划”：

每当我造访一个村庄，在展示设计方案时，总会有一两个年轻人问我“我怎样才能像你一样，成为一名建筑师呢？”这个问题是如此悲凉——他们甚至都没有机会念大学。然而人的天赋与智能，不该与社会和经济地位关联在一起。同时，如果我们想要改变现实世界，所需要的设计者的人数，将远远超过学校所能培养的数目。

一个新的教育计划便就此诞生——“10000 名建筑师”。这个计划通过互联网帮助全世界的学生。我们设置了一系列在线设计练习，指导那些没有机会进入大学的孩子们掌握一些基本的设计方法。建立切实可行的设计观念。这些知识日后没准能帮助他们进入建筑学校，也能为他们的家乡带来帮助（毕竟世界上绝大多数的房屋并不是由建筑师设计的）。在我的示范下我的学生们也变成了教师，在线辅导孩子们做设计。这套网课由十个设计题目构成，所有教学内容均可在网站上直接浏览。在课程中，学生们将学习绘制不同比例的平面、剖面和立面图，还将学习建筑模型的制作方法。课程不但为学生指明了良好设计的基本原则，还提供了实际案例作为参照材料。作业的难度循序渐进：首先是观察自己村庄附近的环境，画出自家的建筑平面，然后尝试翻新、扩建自宅并且画出方案图。在此之后，便是尝试设计不同功能的房屋。网课的最终作业是设计一个完整的村庄。

对我而言，这是一条全新的途径：建筑师能够通过互联网，为世界作出更大的贡献。

学生甲：有一次我们深入印度乡村，去解决当地村民的住宅问题，那也许是我在工作营遇到的最有挑战性的工作了。大家突然被扔进一个所知甚少的文化环境中，还需要尽快评估村民的生活状况和需求。我们必须把自己熟悉的西方“生活起居”概念丢到一边，才能找到问题的根源并提出解决之道。我们走进村民家里，受到了村民的热情款待；我们坐下来喝茶，向村民提问，感受着这里的生活环境。

想把事情做成，每个阶段的工作都很重要。我们从工作营中学习到的交流与合作的精神，也会把这些宝贵的财富带入今后的职业生涯之中。

学生乙：在工作营里，能接触到很多第一手的资料，这一点让我深受鼓舞。我们认识了很多社会现实，也从这种学习模式中接触到各种各样的人和文化。我们在世界各地与其他学科联合工作，为很多发展中国家的复兴和可持续性发展种下希望的种子。这和某些封闭自大、邀请外国专家装点门面的学术团体是不一样的。我从巴基斯坦工作营的实践中明白了这一切，我们的工作代表着一种希望，也是启蒙的种子。十分感激国际工作营能给我这样的平台和视角，我也相信这种工作模式能够点亮世界各地很多人的希望。我们探索和传播知识，尝试解决社会发展中的种种问题。

学生丙：我们的工作营帮助过很多人，特古西加尔巴（Tegucigalpa）的人民也是其中之一。它打开了我们思想的大门。多学科参与的概念独一无二，团队工作的方法让同学们能够在非常短的时间内完成设计方案。我们的旅程令人振奋，迄今为止已经完成了很多项目。

我见识过被毁坏的国家，那景象真是难以言述，我永远不会忘记。我还从建筑师和规划者的角度了解到一项工程是如何达成的——这样的社会学视角正是工程师所欠缺的。我们也交到了不少好朋友，如果没有加入这个工作营，我永远不会认识他们。

学生丁：我要表达的基本信息是，不论我们的知识背景是什么，不论我们是谁，只要遵循内心的善意就能够为贫弱者伸出援手。在参观了洪都拉斯（Honduras）的难民营后，我意识到自己能为他人做很多事情。这段经历让我重新思考了自己的人生追求——我决心改变自己的职业生涯，不再去争名逐利。我更希望自己能够扶危救困，帮助人们重建他们的双翼和梦想。远道跋涉去国外援助建设听起来当然很浪漫，但是遵循自己的善意并帮助社区所取得的宏大成就更为精彩。

学生戊：人们通常认为，传统和现代技术不能和谐共存。随着社会的发展，人们一定会失去文化中最具定义性的特征。在一个寒冷的夜晚，我发现传统丰盈了人们的生活并将影响未来。我毫不怀疑，当社区中心建成之后计算机技能课会和传统舞蹈课一样受欢迎。对那里的人而言，创新并不会威胁到他们的身份辨识，而是成为一种保护传统的方式。虽然我们向居民教授建筑技术和专业知识，同时也要向他们学习。

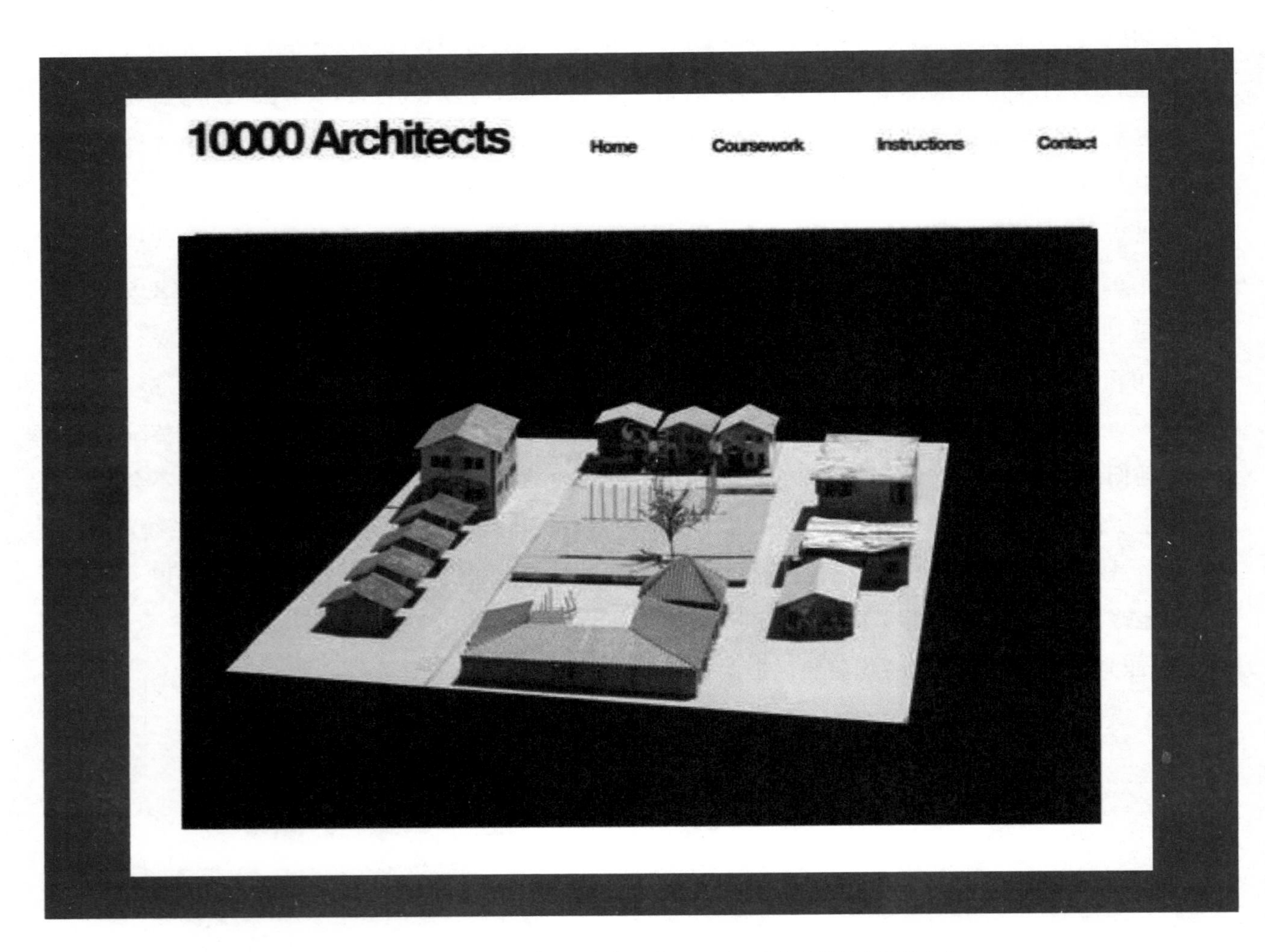

“10000 名建筑师”的最终设计（2012 年至今）（图片由简·万普勒及“10000 名建筑师”课程学员提供）

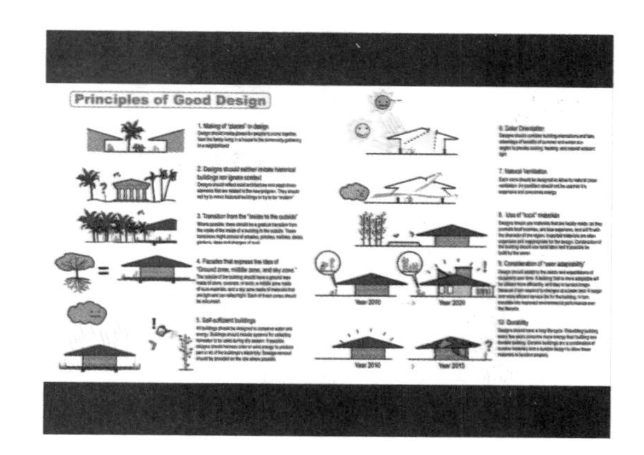

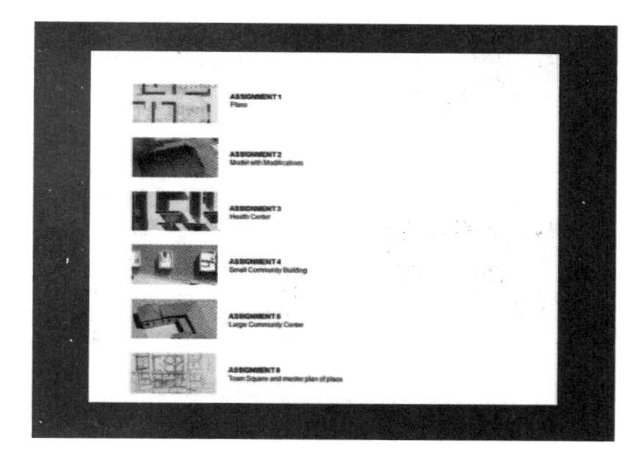

I SPEAK ENGLISH

我說中文

YO HABLO ESPAÑOL

ASSIGNMENT 1 PART 1: OBSERVE YOUR HOME ENVIRONMENT

Good design usually comes from a close observation from the context/environment in which it will reside. Hence, it is importan architect to learn and be informed about the context. Your hometown can be the perfect place to start with the training of obser tion. Please provide a short description of the climate of your hometown. Refer to the following questions to help you get starte

Q: What type of climate would you describe your hometown as? Tropical? Desert? Mountain? Coastal?
Q: What are the seasonal specificities that come with this type of climate? Monsoon season? Dry season?
Q: Which direction is the prevailing wind? Does wind has significant effect to your living style?

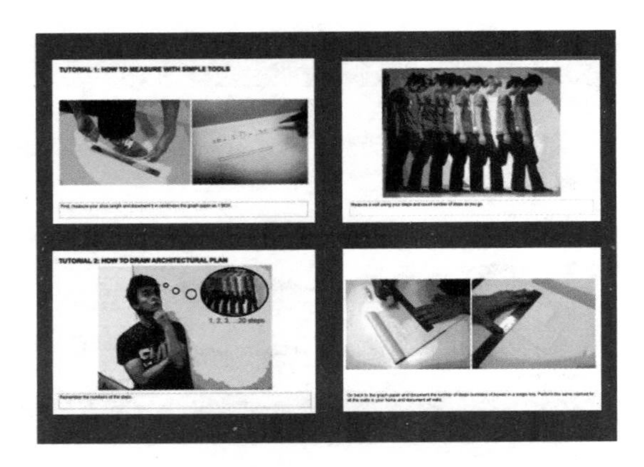

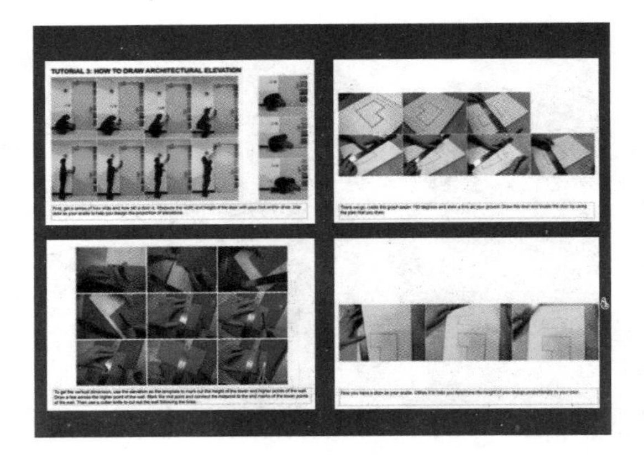

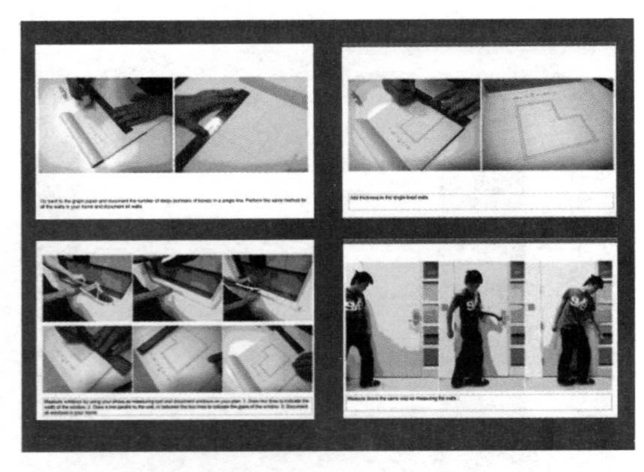

ASSIGNMENT 1 PART 2: DRAW A PLAN OF YOUR LOVELY HOME

After assignment 1 part 1, you will probably be more aware to the overall environment in which you live in. Now you can start zooming in and focus on your home. In assignment 1 part 2, we would like you to measure your home (both interior and exterior if you live in a detached house, or just interior if you live in an apartment) and compose a plan of your home. Please refer to the basic tutorial of drawing an architectural plan to get an idea of the basic skills and conventions. The plan can be in any unit as long as you are consistent. For instance, if you use the length of your foot to measure, you should use it for the entire assignment. Lastly, identify the north and place a north arrow next to your plan.

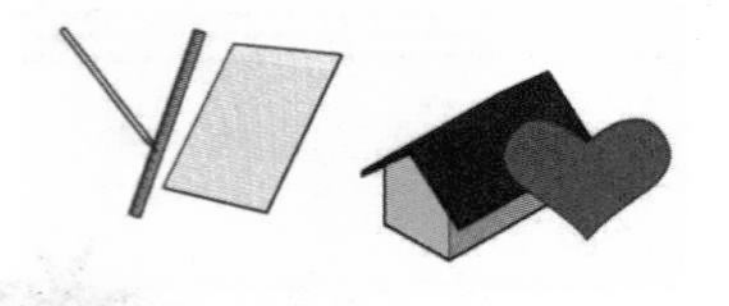

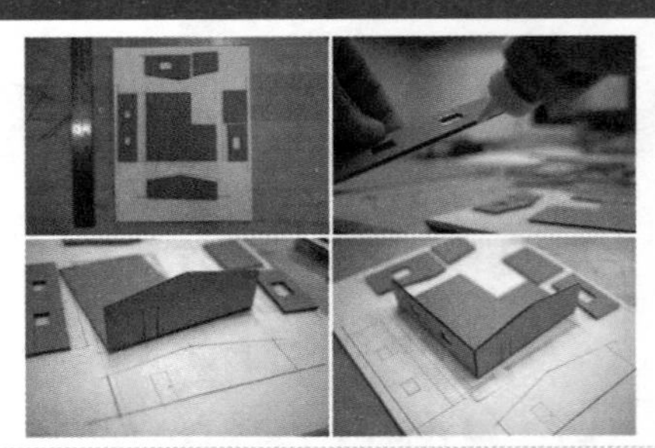

Perform the same process to all elevations and cut out a base using the plan as the template. Start gluing the wall on top of the plan. Not only you may start to see the space composed by the walls, you can also use the model to observe how light and shadow is formed in the house.

第一列，想要成为建筑师的小男孩、“10000 名建筑师”课程的第一页、目前课程支持的语言（英文，中文，西班牙文）；第二列，课程指导。第三、四列，由麻省理工学院建筑系国际讲习班所做的“10000 名建筑师”计划的课程指导（图片由简·万普勒及“10000 建筑师”课程学员提供）

起始（一）

你若要建筑，
熏陶文明体现修养，
　请先看一看，
　　当地屋房的模样。
　　无论在异国他乡，
或是土生土长。

勿要模仿前人，
　为建筑披上旧衣裳，
　假借来的古老，
　只会玷污传统。
也别拿学校里，
　教的法则生搬硬套，
　世界宏大多彩，
　没有唯一指标。

无须舍近求远，
试一试当地材料，
它们源远流长。
　建筑是如何，
　隔绝风霜，通气采光，
　抵御雨雪，迎合大地，
　都需要你仔细观察，
　周全考量。

衡量文化的形体，
剪裁形式的新衣。
　和谐的设计，
　要顺从材质、
　顺应大地，
　还要关照文化、
　尊重人性。

这就是我们的任务。

孩子

他们目光深处，
埋藏着不为人知的悲伤。
　那是缺衣少食
　的生存艰辛。

他们的笑脸，
烂漫如鲜花，
那是对于新生活
的深深渴望。

用你的双手托起，
　他们生活中的片刻。
　　那是照亮未来
　　的明媚骄阳。

世界各地的孩子们

我们真正的主顾是这些孩子，而不是客户和同事

起始（二）

在旧镇的街道上行走，
烈日当头，光影阑珊。
百叶窗遮掩太阳，
还隔绝了街道上
低沉的声响。

在旧镇的街道上行走，
肩膀沐着黄昏的夕阳。
打开的窗，
反射薄暮的微光，
一个女人静静地，
浇灌窗外的植物。
街道上语笑喧阗，
头顶筐篮存满食粮，
孩子们笑着叫着，
跑过了你身旁。

在旧镇的街道上行走，
天色已渐渐深沉。
屋子里面，
餐具在清脆作响，
人们在细声交谈，
这傍晚安静的回响。

在夜晚的街道上行走，
日落之后，
开始了夜的时光。
散步闲聊，
谈论生活。

在深夜的街道上行走，
万籁俱静，
每家的窗都关了。
悄声传播的，
是爱意的耳语，
也是深夜里寂静的声响。

街巷是庇佑生活的山谷。
社群的生命力，
也在这里生长。

九 | 近期观点

用心观察，一直是我寻找灵感的重要途径。我自小就对周围的一切抱有很强的好奇心。观察新搬来的邻居、穿越新发现的树林、探索一座新的小镇，对我而言就像一段全新的冒险。每当我来到一个新地方，都会仔细观察、留心倾听、用心感受周围的环境，那种感觉非常美妙。在旅行时，我就算精疲力竭，依旧对下一个目的地充满渴望。那迫不及待的心情，就像小孩子圣诞节清早起床后，冲下楼梯去拆开礼物。

人们似乎都热衷去欧洲旅游，并对那里的建筑啧啧称奇。我感到很奇怪——这些人平时从不留意邻居家的房子,旅游的时候却都变成了建筑爱好者。这些年来，我带着学生在世界各地调研工作，发现学生们在陌生的城市街道上边走边聊，谈论着家里的事情，却对周围的新奇事物视而不见。我提醒他们闭上嘴巴，好好观察。光凭眼睛看还不够，你得静静地坐在街角，感受身边的世界，细嗅这里的气息，倾听人们的生活。

对一个地方的感悟，是数码相机拍不出来的。猛按照相机快门并不等于用心去感受。

有一次，我来到希腊的某个海岛小镇，坐在街边的角落画速写。两条小路在那里交汇，蜿蜒曲折的白色街道彼此相遇，这美丽的画面令我着迷。我刚刚大学毕业，琢磨着如何把这些形态搬进自己的设计里。正当我看得来劲时，有人骑着一匹驴，顺小路走了下来。他不用鞍座，扬起双腿骑跨在驴背上，当他走到我面前时，突然转弯拐向另外一条路。只见他压低上身，夹紧双腿，吆着驴，以一个完美的姿态转过街角，整个动作一气呵成。那架势深深震撼了我，我才意识到自己无法穿越时空，把形式从文化和历史中抽取出来摆在别处。这真是一个巨大的启示，如果当时没有仔细观察，我也许就与它擦肩而过了。

我每天乘车或者步行上班，经过那些熟悉的街区和路口时，总能发现一些早就存在，却从未被我注意到的细节。也许是远处的烟囱,也许是一扇窗，也可能是建筑的屋顶或是一棵形状特异的树。虽然我曾无数次驾车经过这些地方，但在一瞬间，我感觉自己从全新的角度重新发现了这里。也许你认为自己已经完全了解了社区的一切，细心观察却总会带给你收获。

一定要用心观察感受。我们周围的世界是建筑形式的储藏库，无论在哪你都会有新的发现。在一个按下“快进”的时代里，一切都显得急匆匆的，人们经常要同时关注好几件事，却很少能将精力集中于一点。一个良好的设计，需要花时间打磨，根本快不起来。只有时间才能检验思想的价值。我常常在开车或走路时构思方案，说不定突然就冒出一个点子来。车内的遮阳板上放着一个速写本，灵感转瞬即逝，我必须立即拿笔记下来。有时我甚至会在半夜起床记下构思。

当你脑海中跳出一个想法，初看之下它总是美妙无比——简直是无懈可击。但是，当大脑把想法传递给手臂，再经由手指画到纸面上时它就变得面目全非了。事实上,方案画出来以后往往都很糟糕，这便是设计的起始。想做出一个漂亮方案，就必须反复尝试。对我来说，一个好的设计意味着无数个不眠之夜的辛苦工作,再加一点天赋(或者说灵感)。现代世界面临着建设过快的问题，建筑师们纷纷模仿最新潮的样式，引用最前沿的理论。这并不是建筑创作，只是复制形式。如果想在建造的领域有所作为，先得慢下来。

我做设计的时间越长，就越尊重自然。自然的法则超越了时间，直截了当却又难以琢磨。自然会自己塑造建筑，它们清晰可辨、极富美感。包括建筑在内的世间万物，都会随着时间，一天一天、一年一年地缓慢演化，从不会一成不变。认为建筑会按照人类设计的形式存在下去，是一厢情愿的愚蠢观点。人为干预和自然侵蚀都会影响建筑的样子。时间将会洗练我们的设计，在墙壁上面留下生活的痕迹。不要误以为建筑师可以决定建筑的形态，大自然才是最后的设计者。

大地（五）

天空是我们的屋檐，
透过那片湛蓝，
便能发现建筑的要诀。

阳光穿透了灰暗的穹顶，
云层中的光影，
令这一刻充满意义。

这便是我们工作的线索。
明与暗相互渗透，
赋予光线非凡意义；
阴影在空间中游弋，
雕刻出轮廓的形状；
东升西降的太阳，
伴随一整天的时光。
春来秋去，
空间演化出四季的模样。
阴晴圆缺，
建筑随着冬夏变化气象。

天空是我们的屋檐。
建筑也会随它变化，
阴晴无常。

假如建筑内外封闭，
不留空间缝隙，
光影和明暗便无从谈起。
空间会变得空洞乏味，
毫无活力

请你悉心留意，
天空是我们的线索，
而建筑间隙之中，
潜藏着光影，
孕育着生机。

独木难支

在学校的旁边，
有过一片葱郁的树林。
我看着它，
每一年都在消亡凋敝。
那里也曾经树木葱茏，
绿荫如盖，枝叶成荫，
为人遮风挡雨，
现在只剩回忆。

树木倾倒，
因为袭来飓风暴雨。
它们崩塌的躯干，
被切成工整的木料。
那大树的遗体，
被堆砌得井然有序。

风暴一次次地撕扯，
将树木推倒。
树林渐渐变得单薄，
失去了同伴的掩护，
枝叶也逐渐衰弱。

现在只剩两棵苟活，
它们失去族群，
孤独守候，等待凋零。

哪一棵先倒，
留另一棵为它哀悼？

也许，这两棵大树
能伴着庄严的管乐协奏，
一起终老？

我们是社群的成员，
正如森林中的树木，
哪里能孤独地生长。

我们的工作也要，
依着这样的精神，
因为根脉相连，
才会枝繁叶茂。

三十次失落的心跳

西南偏南的天空中，
　卷起仲夏的风暴。
　劲风疾雨，
　司空见惯不稀奇。

不必担心害怕，
手头的活也别放下，
　天干物燥，
　正需要来点儿雨滴。

眨眼间，
暴风却开始突袭！
毫无预兆，
它撕扯着咆哮！

我充满恐惧，
胆战心惊。
　心脏急蹦三十次之后，
　我最爱的大树已倾倒。
　狂风破门而入，
　还把窗外的骚乱
　塞进了我家。
　纸片飞卷，
家中狼藉遍地。

一天后树丛中响起，
　链锯的嘶叫，
　纷乱的吵闹。
　倒下的苹果树，
被切成取暖的柴条。

不过数日，
人们已清扫了街道。
我沿着小径，
找到了树林里，
那棵倒下的苹果树。
啊　如此苍老，
　　如此强健，
　　如此巨大的树！
曾经参天
遮蔽阳光的枝叶，
如今是树倒下的躯体，
竟如此悲凉，
搁浅在我脚底。

这棵最强健的树木，
　也没撑过三十次心跳。
　　一眨眼就轰然倾倒！

提问（三）

你问我如何面对设计，
真是个奇怪问题。
我以为每个人都通晓，
建筑的基本概要。
是不是你方案太缥缈，
把自己都绕进去？
也可能你的设计工作，
根本不需要经过大脑。

如何面对设计？
我们的作为举足轻重，
更有宗旨必须去遵循。

首先要将身心贴近大地，
建筑是从那里发起。
不要依赖调研分析，
对场地的理解，
无法用几张文件代替。

住在那里，
吃在那里，
生活起居都搬到场地。
从日暮到晨曦，
去感受土地的气息。

将场地的样貌，
深深刻在自己心底。
像爱人一般亲密，
探知每一寸空间间隙。

不要指望测绘的数据，
而是依靠心底的灵性。

与你的委托人一同工作，
　分享他们的渴望。
　朝阳放牧着他的梦幻，
　夜空寄存着他的思想。

你要做的方案，
不是将功能垒砌，

建筑师要以壮志豪情，
将人们的梦想汇聚。
不要试图“解决问题”，
而是以创造性的视角，
连结建筑与大地。

材料是你的手臂，
请运用它们，
感受它的气息，
知晓它的特性。
巧妙的搭配，
如同为人戴帽穿衣。

再依着光线的变化，
创造缤纷多样的空间。

建筑应当与大自然在一起。
空间浸溢着形体，
轮廓沉淀了光影，
白天被阳光照耀，
在傍晚时，
又披上了夕阳的神秘。

勿将最初的草图涂抹，
它只是打开了入门的锁。
你需要一遍遍描摹，
一次次勾勒。
乘坐巴士时设计，
无聊的课堂上设计，
吃饭时设计，
聚会时设计，
闭眼睡觉时也要设计，
从晚上一直忙到天明。

时刻在心中，
挂念着你的设计。

哪里有什么诀窍。
只有不断尝试，
一遍遍地推敲设计。

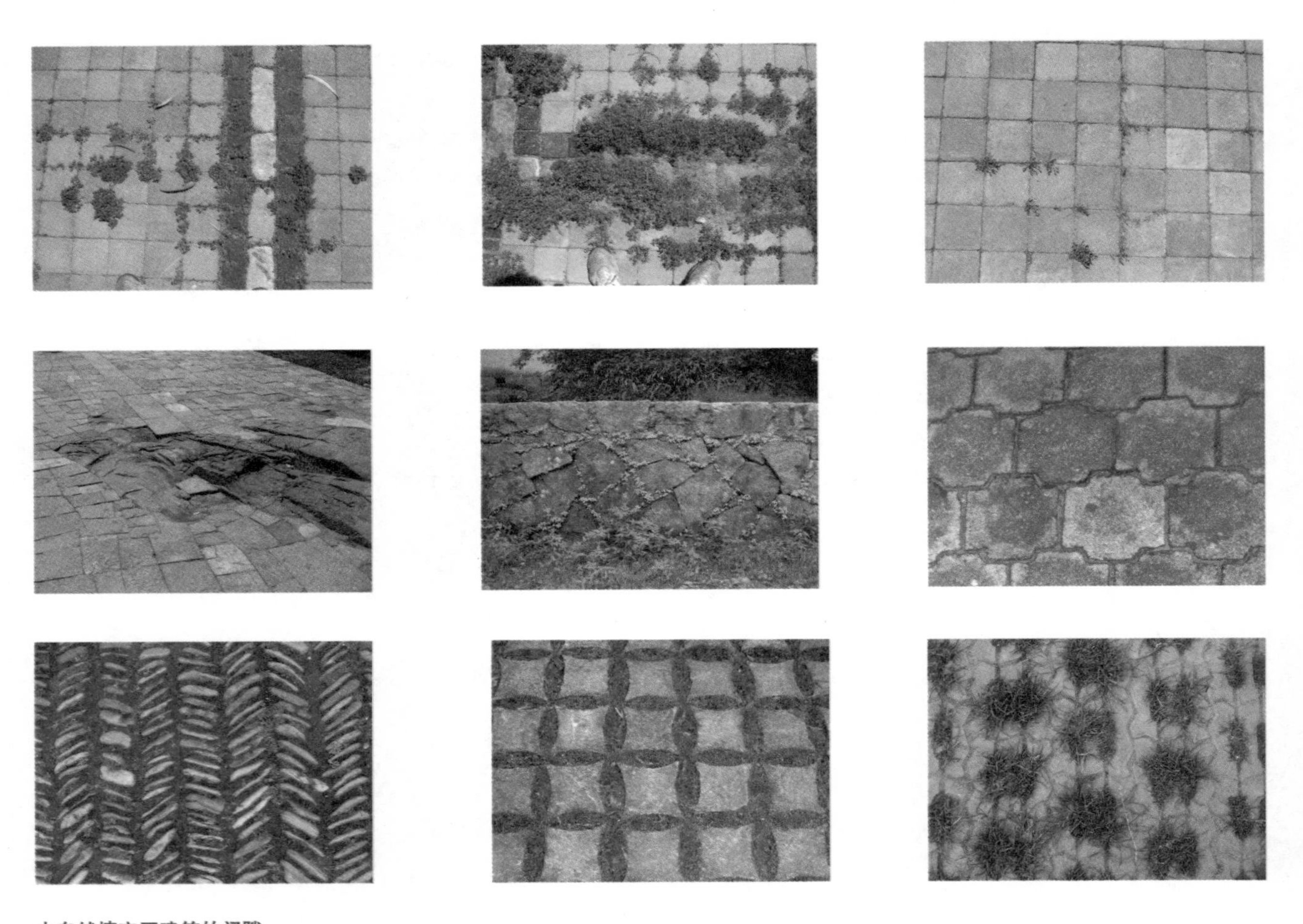

大自然填充了建筑的间隙

建筑的变化

建筑永远不会凝固。
　竣工并不意味着，
　它将停下脚步。
随着时间的推移，
它显出多姿多彩的古翠青铜，
正如我们所热爱的，
古代遗迹风骨。
它也许风化了，
　　又被粉刷色彩，
　　它改变了形式，
　　又更换了材质，
　　正如一棵活生生的植物。
它在不断成长，
展现出新的力量。

我们的工作，
不是打磨光洁的地面
和整齐的墙幕，
　更不是为房屋画下休止符，
　建筑永远不会停下脚步。

每一次工作的起始，
都那样令人激动。
　在设计前请铭记：
　你永远无法摘取最后的果实，
　　　我们只是将一粒种子，
　　　　　埋入了时间的厚土。

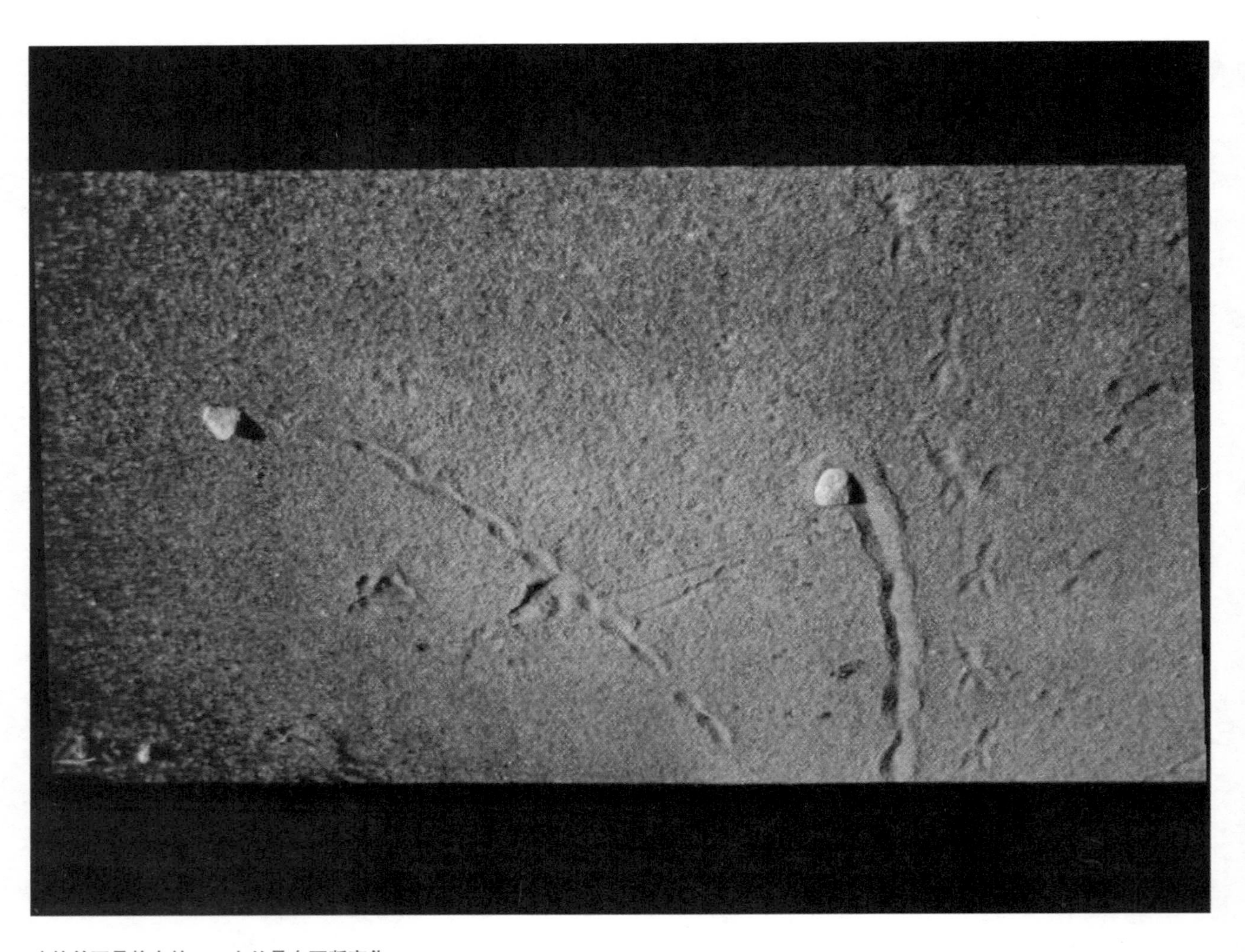

建筑并不是静态的——它总是在不断变化

十 | 近期项目

多年以来，我设计了数以百计的建筑。有一些最终落成，但更多的是未建成的作品。每项工作都是一次令人激动的探险，每一次都更为精彩。无论面对的是城市设计，还是小型扩建工程，我都会以同样的工作方法和创作激情全力以赴。在工作中我会尝试多种途径，不变的宗旨是利用自己的专业技能帮助他人。我认为，工作的态度关乎着建筑学的未来。如果我们要维系文明，每个人都必须作出贡献。建筑师的工作必须要关注人和社群的需求。

最近几年，我的工作大多位于美国以外。我四处奔走，应对着不同的文化与社会背景。每次接触新的文化，勘察不同的场地环境，构思新的方案，都像是过圣诞节一样满怀期待。无论在哪里工作，我都以当地的文化语境作为设计的先导条件。

大都会储藏库改建（The Metropolitan Storage Warehouse）
美国，剑桥

麻省理工学院的大都会储藏库位于北校区的奥尔巴尼街中部，是一座巨大的砖结构建筑。虽然毗邻学生宿舍，但它并不是一座教学建筑。这栋建筑大约有一千英尺长，八十英尺宽，其西南部的停车场需要保留，在改建后加以利用。算上停车场，建设范围的长度超过了一千五百英尺。大都会仓储库被列入了国家历史建筑名录，是美国国内最早使用混凝土和砖材修建的多层仓库之一，因此建筑立面必须保持完整的历史风貌。这为改建工作带来了很大限制。

校方想把这栋仓储建筑改造成全新的校区综合楼，在其中布置学生宿舍、图书馆、教学场地和地下商业空间。除此以外，本次设计必须与奥尔巴尼街的现有建筑紧密联系，统筹麻省理工学院北校区的整体发展。

这栋建筑原本是一座仓库，因此每平方英尺楼板的活荷载达到了八百磅，足以承担不同规模的空间。而现有结构体系的跨度和覆盖面积却都被限定在十四英尺见方的范围内，这为改建工作带来了挑战。

建筑围合起来的巨大空间，就像是一片待开采的丰富矿脉，我们的设计正是要挖掘其中的价值。在改造方案中，我们除去了原有的内部设施，让光线和空气自由地穿透整栋建筑。新设的中部空间保持了开放的形态,平行于原有墙面。通过这些措施，我们在保持建筑立面完整性的同时，在内部安置了新的房间和社区。

我们在这栋五层建筑中，打开一个两层高的空间作为主入口，并在二层设置了一个室内广场，将其作为整个建筑的中心。新建的中心区域可以将其他功能空间联结起来，达成互动。

图书馆横贯整栋建筑，巨大的阅览室紧邻着停车场。我们以一条路径将图书馆的三个主要区域串联在一起，并在每一层布置了出入口。方案并没有采用传统图书馆的功能布局方式，而是在原有建筑中营造出一个供学生聚会和讨论的场所。在未来，图书馆不只是储存图书，更是人们分享和沟通思想的地方。

我们将住宿区安排在图书馆上方，其形式与传统的学生公寓大相径庭。设计摒弃了孤立封闭的常规宿舍模式，将学生、教师、学校雇工、访问学者混居在一起，甚至将校区附近的普通家庭也纳入其中。城市公民在这里相遇汇聚，学生的生活范围也得到拓展。我们还在建筑各处设置了若干餐厅，以促进学生与其他社会群体交流互动。

由机械控制的反光板如同“云朵”一般悬浮在建筑顶端,将光线折向低处的空间。通过这种措施，底层的空间获得了如在建筑高处一般的全天候自然光环境。这些“云朵”通过电脑程序控制，可以自动感应外部气温和环境亮度并做出调整。由于无法在建筑外墙安装通风设备，顶部的“云朵”还负责调节建筑内部的空气流动。

从外面看，这栋建筑是深沉而古旧的砖楼。我们在内部却使用了玻璃，金属和其他轻质材料，空间显得轻盈而明亮。

按照最终的方案，我们将在北校区建造一座混合的居住点，不仅为学生们提供学习和研究场地，更要将他们引入一个多元的生活环境中，拓展他们的视野。那是一个生生不息的社区，赞颂着生命的多样性。

乐活小镇社区中心（The Community center in Lehuo Village）
中国，唐山

我还为中国唐山市的乐活小镇设计了社区中心。乐活小镇是由当地的五个村庄整合规划的新城。在拆迁了原本的农村住宅后，当地居民迁入了新建的高层建筑。社区中心的主要目的是服务当地的拆迁户，同时也供新迁入的居民使用。

设计有以下几个主要目标。第一，不能建造一个孤立而封闭的体量，要用建筑将周围的空间聚拢起来。第二，居民的活动场地要体现亲和力，让他们感受到原本乡村生活的气息。第三，要融合中国传统建筑的特征，将建筑与自然联系起来。第四，在各方面体现出可持续性，例如利用太阳能发电、利用雨水清洁和灌溉，同时还要节能环保。

设计还要考虑多方面的功能需求。包括礼堂、政府办公室、活动室和健身房。我还设置了一个地方博物馆，那里将会储存居民们的生活与记忆。所有这些功能都围绕着一个城市广场般的公共空间，居民将在那里聚会，开展各种活动。在夏季，广场上的喷泉能为人们提供清凉，被称为“云朵”的自控遮阳装置可以阻隔日光；到了冬天，广场的水面就冻结变成滑冰场，而遮阳板摇身一变，将温暖的阳光折向广场。

广场周围排布的电子屏幕上，会定时播放访谈节目，聊一聊过去的日子。记录并分享以往的生活故事，在当下与过往之间建立纽带，这一点对于当地居民而言非常重要。其余时间，屏幕上会播放曲艺节目。

这个广场将会成为乐活新城的公共生活中心。

改建方案模型，包含对现有停车场的重新设计

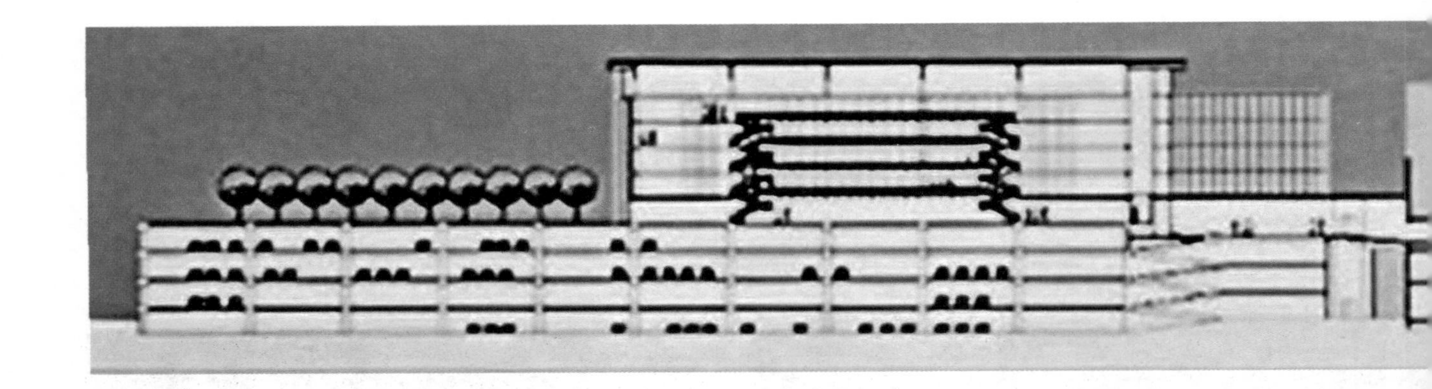

位于剑桥的仓储库，马萨诸塞州（2012 年）

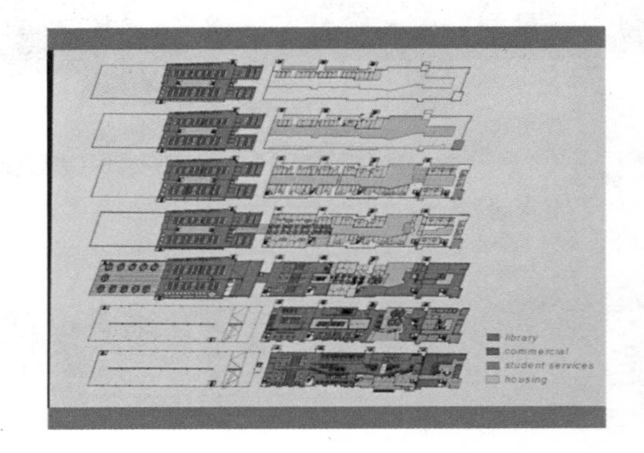

第一排，建筑改造方案剖面图；第二排，现有建筑及周边环境，建筑改造平面图，剖面图，一天和一年中不同时段室内自然采光情况；第三排，建筑入口处的模型细节，与麻省理工学院校园建筑呼应的仓库，建筑剖面图，草图

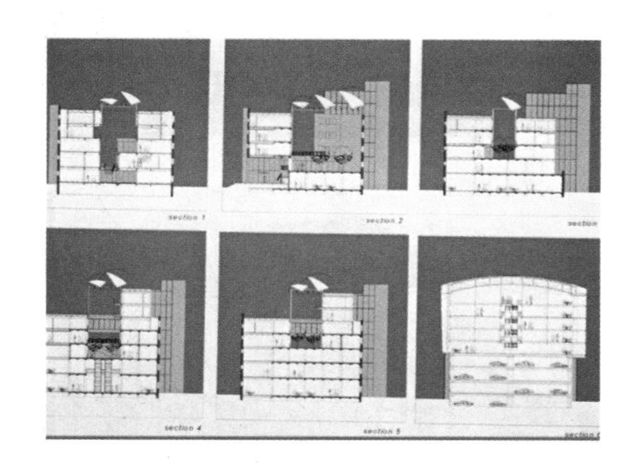
section 1
section 2
section 4
section 5

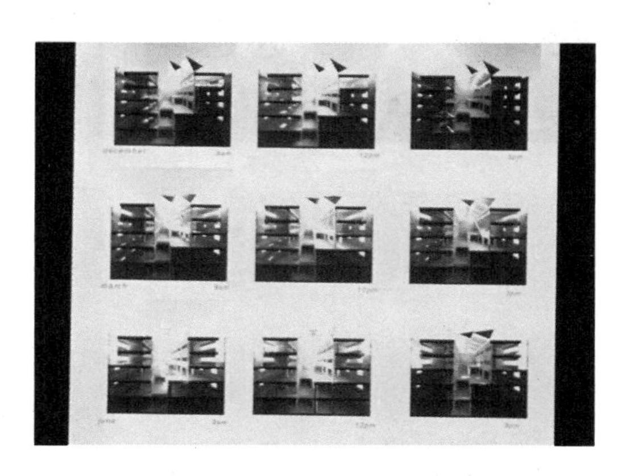

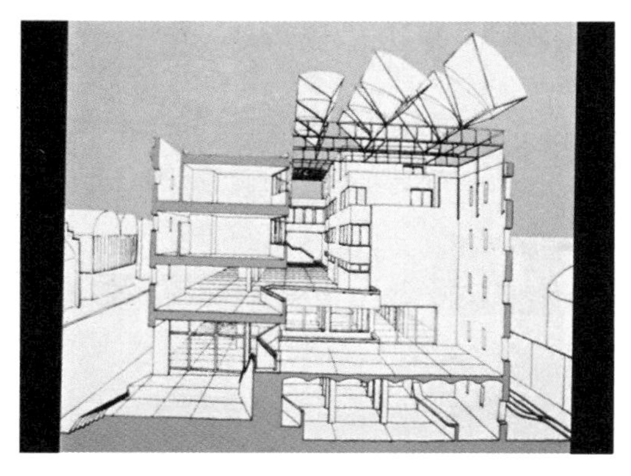

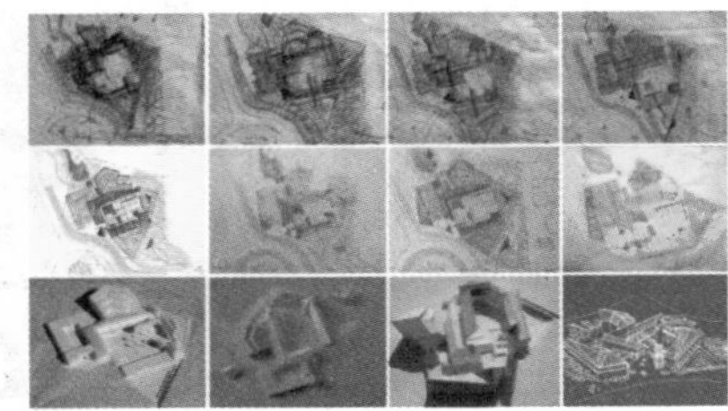

中国唐山，乐活小镇社区活动中心，2012 年至今。（图片简・万普勒建筑设计咨询事务所成员制作）
第一排从左至右：居住在乐活小镇的孩子们、设计过程中的草图与模型；
第二排，方案模型；第三排左上，建筑剖面；第三排左下及右图是社区中心透视图

公共空间是人类文明的标尺，可以度量出文化的发展程度。

而广场，则是生活跳动的脉搏。

悦来生态城规划（Yuelai，an Eco City Project）
中国，重庆

中国重庆的悦来生态城，是一个能够容纳两万五千人的大型生态城市项目。它位于江边的坡地上，风景秀丽，过去曾是农民耕种的梯田。悦来生态城距重庆市区约17公里，通过新建的地铁线路与主城区连接。新城的总体规划井井有条，在已经报批的方案中可以看到坡地上阡陌的道路：有几条路横穿而上，还有几条环绕在新城周围。

悦来生态城关注的重点是可持续发展。

应中方邀请，我负责了悦来新城第一个区块的城市形象与建筑方案设计，确立了以下目标：第一，建筑应当与地形轮廓发生联系并融入其中，保护悦来镇的秀丽景观；第二，融入当地梯田的形式，整个方案以此概念生成；第三，设计公共空间的组织框架，以公共空间为纽带将所有居住点联系起来；第四，以高密度的多层住宅代替常规高层住宅，为未来的居民提供若干种可供选择的住宅单元；第五，方案要着重考虑建筑朝向，注重太阳能的利用。因为重庆夏季非常湿热，也要兼顾建筑的自然通风；最后，方案不能简单地临摹历史形式，应当深入挖掘当地的传统建筑语汇。设计既不能脱离历史语境，也不应该被历史形式禁锢，这是全世界都亟需解决的重要课题。

我从两个方向出发，找到了本次方案的灵感。首先是中国的毛笔画。在艺术家的笔下，描绘的实体与留白同样重要，它们一起构成了整幅作品，画面整体的意义与比例都是通过细节塑造出来的。同时，我造访了重庆附近一个沿江而建的古老村庄，学习了那里的建造经验。我在建筑中看到了当地人应对气候的方式。建筑的屋顶设计、开窗的位置、与地形的联系等，它们都与自然和谐统一。这些都带给我很多启示。

正是通过这两方面的构思，我开始推进方案的设计。

悦来生态城的设计令我激动。这里的实践经验不仅仅限于中国，更能为世界各国的其他城市提供经验。

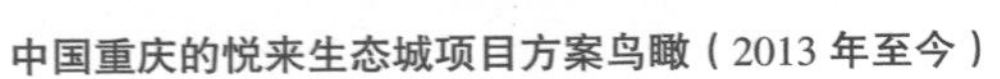

中国重庆的悦来生态城项目方案鸟瞰（2013 年至今）

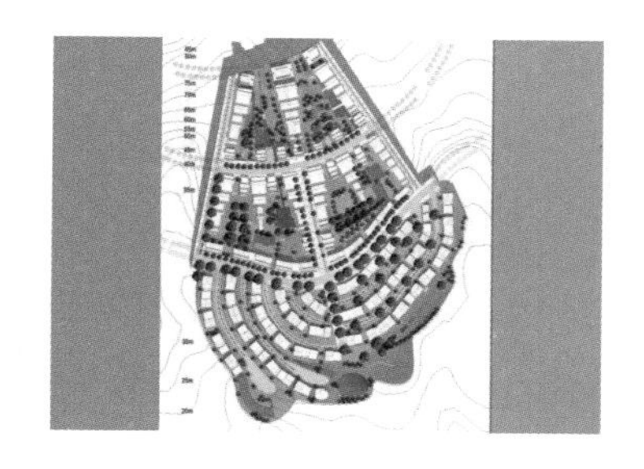

第一排，自左向右：方案平面图、不同的建筑单元模型；第二排：城市空间透视；第三排，城市空间透视与商业街透视（图片由简·万普勒建筑设计咨询事务所提供）

亚洲古代艺术馆（Asian Ancient Ant Museum）中国，唐山

位于唐山的亚洲古代艺术馆是中国首批私人博物馆之一，经过多年的经营，目前汇聚了来自中国、韩国与日本的三万五千多件艺术品。现在，客户希望能建立一所博物馆，将所有藏品集中陈列在一起。

建筑场地位于唐山市中心的一块平整地形上，毗邻的地块在不久之后将建起大型建筑。唐山素以丰富的煤炭资源著称，本次工程的场地就位于煤层上方。在基地的一端，建筑限高三层，而在毗邻主街的另一端，建筑高度则可以超过十层。客户希望能同时建立一个商业区，以盈利来支持艺术馆的运作。

此外，客户似乎很担心我们只做一个方案。他们希望自己能有选择的余地，要求从三个备选方案中挑一个最满意的。之前他曾与一些建筑师打过交道，对方却拿出了一个不计成本的昂贵方案。

本次项目包括一个大型博物馆、一个大礼堂、存储空间与停车场，另外还要修建写字楼和会议中心。为了体现可持续性的概念，建筑的南立面要尽可能多地设置太阳能电池板。

我们将第一个设计方案命名为“层檐叠嶂”。

方案将自然融入建筑形态中。建筑二层屋面的三角形平台辟为一片庭院，而艺术馆层叠的屋顶正如庭院中逐层抬升的山峦。屋面庭院被会议中心和临街的商业区围合。会议中心的租金与商铺的零售业收入是支持博物馆正常运营的经济基础。

在三个方案中，艺术馆与会议中心都共用一个宽敞的礼堂。礼堂扮演着作为实体的“巨岩”，而环绕着实体的庭院与开敞空间，则像是岩壁之间的“幽谷”。

我以一系列的空间转换，引导人流从外部进入美术馆。首先是一个空间的转折，踏过小桥流水，再穿越跌落的水幕，以宁静的水面和植物作为入口前的衬景。然后，人们会进入一个巨大的室内空间，在这里与其他建筑功能发生联系。几片“浮云”悬于庭院之上，这些可调节的遮阳板既可以将日光折射到低处，也可以在光线强烈时遮阳蔽荫。我们还在商业建筑的屋顶布置了太阳能电池板。树木、水面与植被让此处成为了繁忙城市中一个宁静的所在。

第二个设计方案被命名为“水落华庭”。一系列高低不同的庭院和水面，从建筑四层逐级下降，层层跌落。水流从一个庭院落进下一层的庭院，最终流进艺术馆内部。多层庭院可以同时照顾到艺术馆与会议中心的功能需求。方案中的庭院和水面都体现了建筑与自然的密切关系。

商业部分是一栋六层高的建筑，表皮上安装的太阳能电池板能为整栋建筑提供电能。

我们利用水的元素将建筑的各个部分联系起

来，大礼堂如同漂浮在海水之上。

最后一个方案被命名为“翠庭乡舍”。

我们为这个方案设计了一套村落般的形体，从一层到四层都遵循同一种造型方式。

中心庭院是整栋建筑的公共空间，附近的居民也可以参与其中。我们在院子里种满了草坪与树木，宁静的水流在植被之间流淌，这里正是繁忙都市之中的一片世外桃源。

在这一版方案中，艺术馆的屋顶各具形态。它们同时也能够起到遮光板的作用，通过调节通光量来控制室内光线的明暗。我把礼堂设计成了圆形，在其中安置了一个中等规模的剧场。

最后，我们用一座细高的标志塔示意出艺术馆主入口的位置。

最终的设计方案吸取了三者的优点，它们组合之后产生的趣味性与个性，比之前的方案更胜一筹。我多次与客户协商，共同推进方案设计，而他们也提出了很多富有建设性的意见。这种全新的客户关系令我感到兴奋。

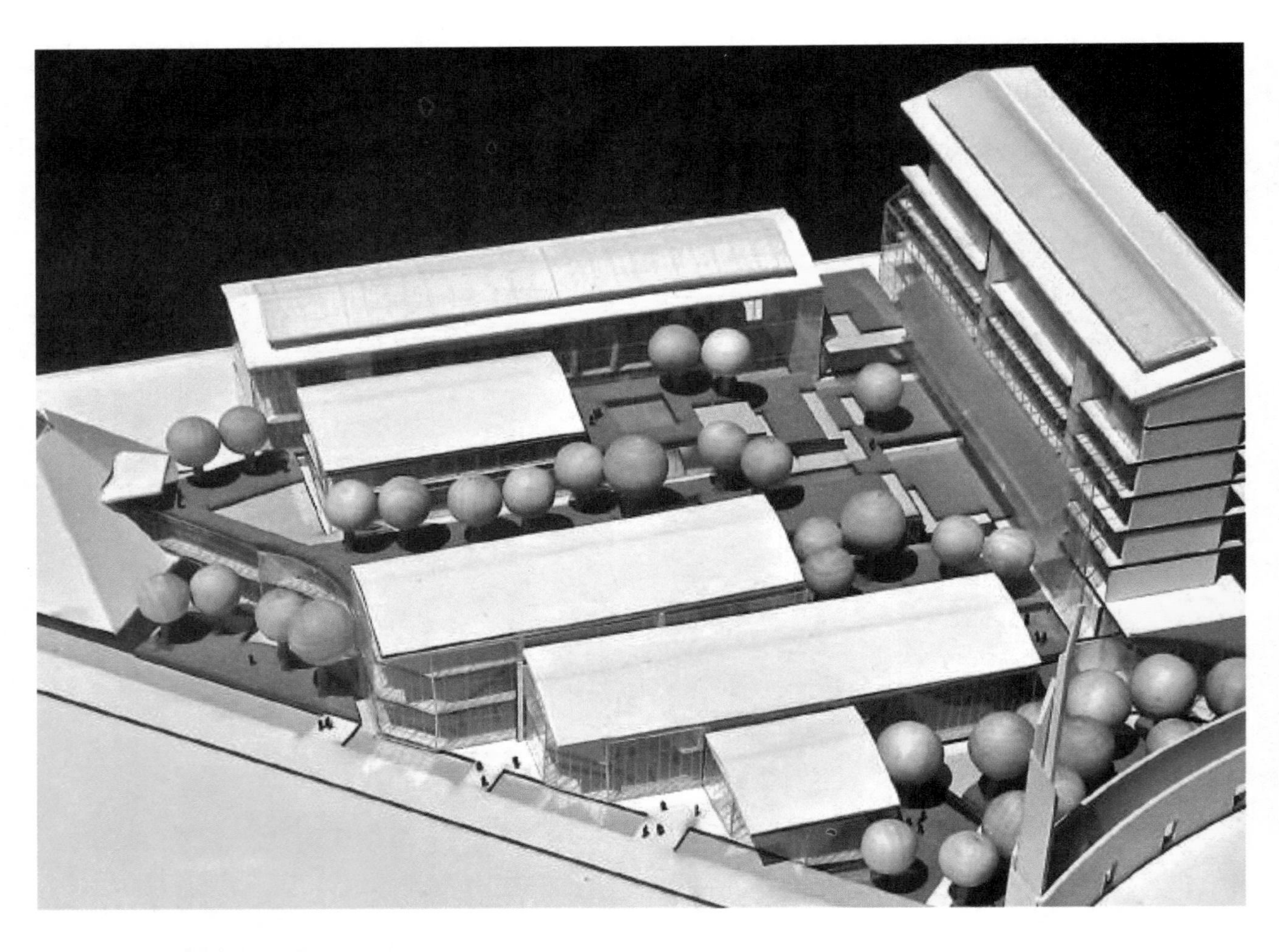

亚洲古代艺术馆最终方案的模型，中国唐山（2013 年至今）
在基地中，一系列庭院抬升而起，而水流则逐层跌落至入口的水池中

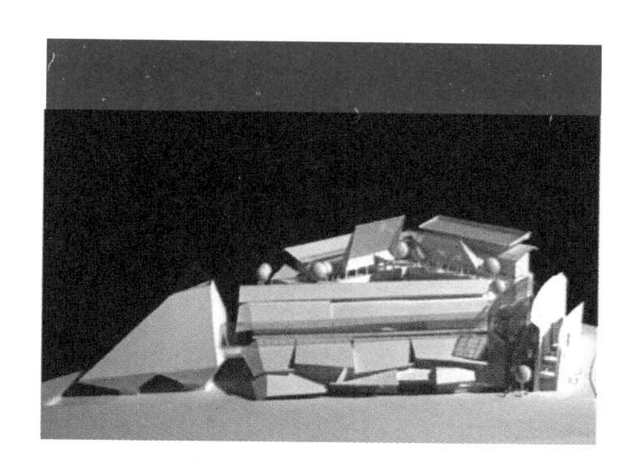

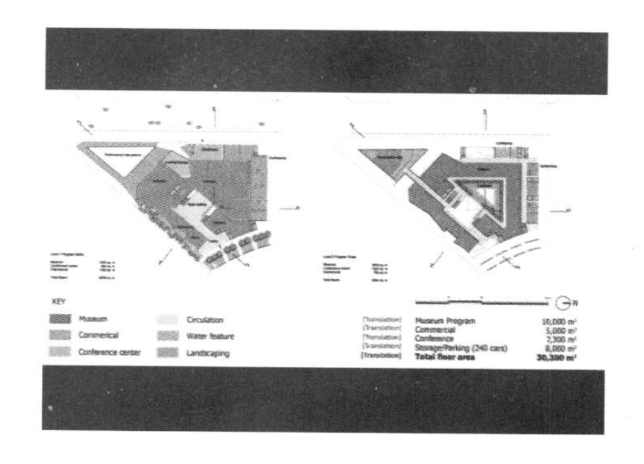

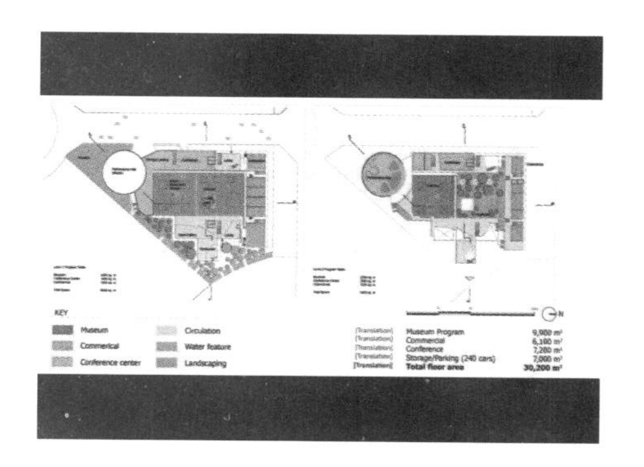

左列，三个不同的建筑方案。客户从三个方案中选出了最中意的部分，组合成为最终方案；右列，艺术馆展品陈列示意，建筑平面

建造（一）

在心爱的家园旁，
  在门前的小路边，
  我们为大地的精灵，
  修建了一所小窝。

正如古往今来，
  世界各地的人，
  都以爱的美德，
  抵挡恶的蚀刻。

每次我们回到家，
它总在门前恭迎，
  那是一个符号，
  盛放着我们的喜悦。

一只鸟儿飞进来，
它找到了新家。
搭窝筑巢，生养幼雏，
新生命奏响序章。
我们悄声行走，
生怕惊扰到它。
每一天都盼望听到，
剥壳而出的小鸟，
鸣叫的声响。

有一天我们看到，
破壳的雏鸟跌落，
毕竟，那不是真正的巢，
只是人造的窝。
快啊，轻轻地
我们把它送回了家。

幼鸟急不可耐，
想要离开巢穴飞行。
我们只好，
再一次将它放回小窝。

在一个悲伤的清晨，
幼鸟没有了气息。
昨晚的暴风雨，
带走了它的生命。
多让人悲伤，
雌鸟却还一次次地，
返回巢穴，
寻找幼雏的踪迹。

我们在小窝下边，
悄悄地埋葬了它。
  愿大地的精灵，
  能够与它相随。

建造（二）

旅程穿过了生命
华彩的风景。
听人们倾诉各自
不同的往事。
以人思想的语汇
去建造；
以人梦怀的材质
来装点。
人们常说，
　建造
　是我们最可贵的任务。

建造（三）

一块平常的岩石，
停在路边的转角，
　既不巨大，
　也不出众，
　却是大家的画布。

它像是日记本，
记录了大伙的快乐：
　生日快乐，
　周年快乐，
　回家快乐，
　欢迎你也加入，
　来表现自己的生活。

四英寸厚的油彩，
记下日常的点滴。
一天又一天，
一年又一年，
它是小岛的传信员，
也是景观的点金石。

每一栋屋舍，
都需要一块点金石。
　我们的生活，
　　应呈现明亮的色彩。

彩绘岩，位于罗得岛州的布洛克岛
这块岩石是布洛克岛的点睛之笔，每一天都有人在上面画上新的图案

建造（四）

为这屋房歌唱吧。
也唱给空间与太阳，
唱给雨露和风雪，
也为心灵歌唱。

为那些居无定所的人，
颂唱衷肠。
我需要一所住房，
这天赋的权利，
不该是奢望！

每个人都理所应当，
拥有自己的避风港。

十一 | 近期教学

在过去的几年里，我在南佛罗里达大学的城市设计工作室教授学生，那里位于佛罗里达州的坦帕市（Tampa）。

教城市设计课程是一项很有价值的工作，对我而言也是一个全新的方向。与建筑设计相比，城市设计的规模要大得多，但我并没有因此忽略对于小尺度空间的关注。我相信，将大与小结合会是一个好办法。以往课程的教学内容不再适用，必须清醒地认识到这一点。我们要同时兼顾大与小。

与大尺度设计并行的，还有一系列“小”项目，例如“间隙空间”研究、自然艺术品研究、总体设计反馈研究以及细化的建筑解决方案。

我在研究中持续关注着一些问题，如社区可持续发展、以微型产业拉动就业、公共空间设计等，力图摆脱地方传统建筑符号与西方世界的建筑标准的束缚，建立一套新的形式语汇。所有研究课题都基于真实的项目，通常会与当地政府和居民一同协作完成。在每一个项目开始时，我们都会实地考察并为学生布置调研作业，然后将调查结果带回工作室归纳汇总。

上学期，我们在四个国家做了项目。它们分别位于古巴哈瓦那（Havana）、泰国（Thailand）与塞浦路斯（Cyprus），厄瓜多尔首都基多（Quito）则有两项工作同时并行。

在塞浦路斯，我们不仅仅做出了漂亮的设计，方案还展现出一定的政治影响力，为世界其他区域解决类似问题提供了示范。

项目位于塞浦路斯的法马古斯塔（Famagusta）附近，那里被人们称为“鬼城”。我们希望为居民提供一个真正宜居的、具有可持续性的居住点。

1974年，法马古斯塔的土耳其族与希腊族之间爆发战争[1]，这片区域被紧急关闭，从此便与世隔绝。四十年过去了，没有人能够再次进入那里。塞浦路斯土希两族之间的裂隙是造成这场悲剧的根源，政府的一条紧急通告就将人们驱离家园，居民被迫背井离乡。多年来，曾经的城市已堕为废墟，建筑倒塌，街道上长起了大树，植物甚至从房屋中冒出来。人们在匆忙之间逃离，你甚至能够看到桌上摆放的餐具和未吃完的食物残迹。这片废墟是残酷战争的纪念碑，它怀有一种神秘的氛围，充盈着静谧的精神气息。

今天，塞浦路斯的公民希望能够弥合战争的裂隙。其中既有白发苍颜的老者，也有朝气蓬勃的年轻人；既有土耳其族，也有希腊族。他们为了重启这片废弃的“鬼城”，再次走到了一起。我们在工作中采取全新的观念，力图以设计的力量团结两族人民。这次实践将为世界其他地区提供解决问题的思路。

[1] 自1974年7月起，塞浦路斯岛北部地区都陷入了希族与土族的战争中，土耳其甚至直接派军入侵塞浦路斯，加剧了土希两族的分裂。——译者注

目前，塞浦路斯南北各方[1]都对恢复这座“鬼城”充满了兴趣。是时候将这里交还到它原本的居民手中了。

塞浦路斯方面希望项目工作组提出一些未来发展的设想。我们的总体设想是将这里建设成一个生态城，将各种先进的元素融入可持续性的生活中。这些设想对欧洲其他城市而言是一种独特的经验，同时也可能为世界其他城市提供出一种设计原型。

我与工作室的同事们造访了塞浦路斯岛，了解了当地的历史与风土。我们与来自世界各地的五十五位专家分享观念，交换新城未来建设的见解与意见。尽管没有进入内城，我们还是从隔离区周围的高层建筑上窥到一些内部情况，还围绕着隔离网环视了里面的情形。

来自塞浦路斯南部与北部的学生被分成五个小组，一同排演了一部小品剧。在我们访问行程的最后一天，孩子们表演了他们的节目。看台上挤满了观众，其中既有希腊族，也有土耳其族。

我们启程返回坦帕时设计方案就已经成形了。学期结束的时候，我们通过视频会议向塞浦路斯方面展示了设计成果，说明了我们的基本设想与创意。下面分别作出说明：

（一）我们发展出的并不是一个“总体规划”，而是一系列的概念，是对于未来的建议。它们会随着外部条件的变化而发生改变。

（二）我们无法掌握该区域内的建筑现状与条件，只能依靠手头的照片猜测，这是设计面临的最大难题。通常在任何计划实施前，必须先收集所有建筑物的结构与抗震安全资料，整理建筑规范，同时开展建筑改造和复建的模具生产与尺寸的可行性研究，以上所有的内容都会受到最新建筑法规的约束。但五十年前的法马古斯塔并不存在类似的建筑规范。事实上，在过去的五十年里，世界各国的建筑规范都提高了对建筑安全性的约束与要求。

（三）毫无疑问，所有业主都必须在仔细研究复建工程的成本之后才能作决定。一般而言，改建和复建工程都比较昂贵。远离海滩的那片房屋（大多是二层到四层高）修复起来可能会容易些，但这也仅仅是基于照片的推测。以我们目前掌握的信息，不可能对现存建筑做出任何实质性的修复方案。

（四）不论花多少钱，所有的历史建筑、教堂、学校和市政建筑，包括所有留存着市民记忆的房屋都应当予以保留。这意味着一些建筑将会保持废墟的状态。但是，当地居民更希望那些场所能够再度焕发活力，这一点同样非常重要。

（五）重建这座城市将花费很长时间。我们目前所做的是十年规划甚至十五年规划，这就意味着将来住在那里的居民们目前只有二十或三十岁，甚

[1] 1974年种族冲突后，岛屿北部的土耳其族组成了“北塞浦路斯土耳其共和国”（只有土耳其一国承认其主权），也就是文中所指称的“北方”，南塞希腊族主导的塞浦路斯共和国政府为“南方”。——译者注

至是更年轻的人群。

（六）在我们初次接触这项工程时，就决定了总体的方向：建立一个可持续发展的生态城市。我们尝试着发展每一种可能的方法。以下列出了我们尝试性的探索。

（1）供给当地居民与餐馆的食品应当在本地生产加工。城西的区域足以开垦出许多小菜园，由当地人自己来经营种植。当然，也可以考虑屋顶种植的方式。

（2）我们探讨了将当地农产品输送到塞浦路斯各地，甚至出口周边国家的可能性——事实上这里的农业生产一度非常繁盛。选取的农作物要尽可能地节水耐旱。

（3）我们将一部分土地留给野生动植物生息繁衍，作为发展永续农业[1]的空间。

（4）如何为居民们提供更多的水源，同时尽可能地收集雨水，是我们关注的主要问题之一。这同样也是整个塞浦路斯要解决的问题。

（5）推广徒步出行的交通方式，尽可能减少汽车的使用。

（6）公共交通将联系各个区域，覆盖法马古斯塔的其他区域，同时联通塞浦路斯的南北交通。

（7）鉴于现有污水系统大多既不符合法规也不能使用，我们提议建立一套分级污水处理系统，利用灰水[2]灌溉农田、生产肥料。

（8）我们建议所有建筑物都控制在距离海边一百米的范围之外。塞浦路斯南方新建的阳光海滩正源源不断地从这里取砂，要保护这里的沙滩几乎是不可能的事。

（9）我们估计在未来五十到一百年内，海平面将会上升一米（这只是一个较为保守的数字，有些专家建议我们取更高的数值）。基于这种预测，应当保证所有建筑都高于海平面至少一米。

（10）建议将法马古斯塔的港口建设成一个休闲港，在附近建设酒店、餐馆和游艇修理厂。

（11）应当保护历史建筑，并将法马古斯塔老城区申报为世界文化遗产。这将对当地旅游业的发展产生巨大的推动，附近的休闲港则可提供服务支持。

（12）在条件允许的情况下，多做建筑竖向空间设计。例如建筑底层可能作为商场，中间作办公层，顶部作为住宅等。通过这种方式为该区域增添邻里社区的归属感。

（13）我们尝试在绿化区、交通运输、工作就业和教育等方面加强联系，将这片区域与法马古斯塔其他地方整合起来。

（14）我们建议在发展传统旅游业的同时，推进新型旅游产业的发展。例如生态游、半工半游、

[1] 永续农业（permaculture），指以不耗尽地球自然资源的方式生产食物与能源的新型生产方式。——译者注

[2] 灰水（gray water），是指从盥洗室、洗澡间和厨房等流出的洗涤废水。——译者注

探索旅游等。目前这些旅行方式已逐渐兴起，在未来会更加受年轻人青睐。

（15）我们还为当地的就业问题建言献策。一个可持续发展的城市在就业问题上应当是自给自足的，不能只是输出劳力。我们希望年轻人不必离开塞浦路斯岛就能找到工作。解决就业的途径很多，但最终的结论需要建立在基于真实数据的研究结果之上。

除了以上提出的这些发展方略，我们还肩负着其他任务。而最终的目标，都是将这片区域建设成一座充满生命力的城市。

房屋排排并立，就变成一条街区，

街区穿行贯通，形成了一片社群，

社群首尾相接，构成了一个村庄，

村庄组成了城市。

那是充满欢乐的宜居城市。

我们为了法马古斯塔的未来全力工作。虽然任重道远，但我们确信这条路会通向正确的方向。这些工作将会带领这座城市发展前行，整个塞浦路斯，乃至全世界，都会为这座城市感到骄傲。

在塞浦路斯调研时，我被那里梦魇般的景象深深震撼了——一次持续四十年之久的禁闭？为何会发生这样的事情？我感到非常困惑，心情久久不能平复。我有感而发，以诗歌的形体写了一些话语。这些抒情表意的词句不能称得上是真正的诗歌。请不要介意它们的形式。

我想，就以首次从塞浦路斯归来时所写的词句作为上半部分。最近我们又要起程去法马古斯塔了，兴奋之余我又写下了一些词句，就作为它的下半部分吧。

法马古斯塔（上）
屋顶远眺，2009 年

我眺望着旷野另一边
那片被遗忘的世界
我的目光透过碎裂的窗
拾起桌子上凌乱的餐碟
却难以触碰那里破碎的心灵

何以至此？我心中彷徨
何以至此！ 我大声呼叫
请你看看
生活竟可以如此冷酷
泪水已迷乱了双目

如果远方的星辰能看到
法马古斯塔的荒芜
也会在天空中撒下眼泪
为人类文明的正义嚎哭

这里也曾屋舍俨然
也曾男耕女织
也曾土地肥沃
也曾其乐融融
而今一去不复还！

法马古斯塔（下）
启程塞浦路斯，2014 年

不摆脱头顶的阴霾
我们的身体和思想
便无法被光明照亮
法玛古斯特！
责无旁贷
肩负这工作

为了以往的欢笑
为了昔日的情侣
为了儿童和家庭
也为了尚未出生的子孙
我们要为世界树立榜样

以喜悦与关怀
为这里捧起
新一天的朝阳

今天
我们都是塞浦路斯的公民
我们将以爱心与激情
不眠不息地工作
我们的目标就在前方！

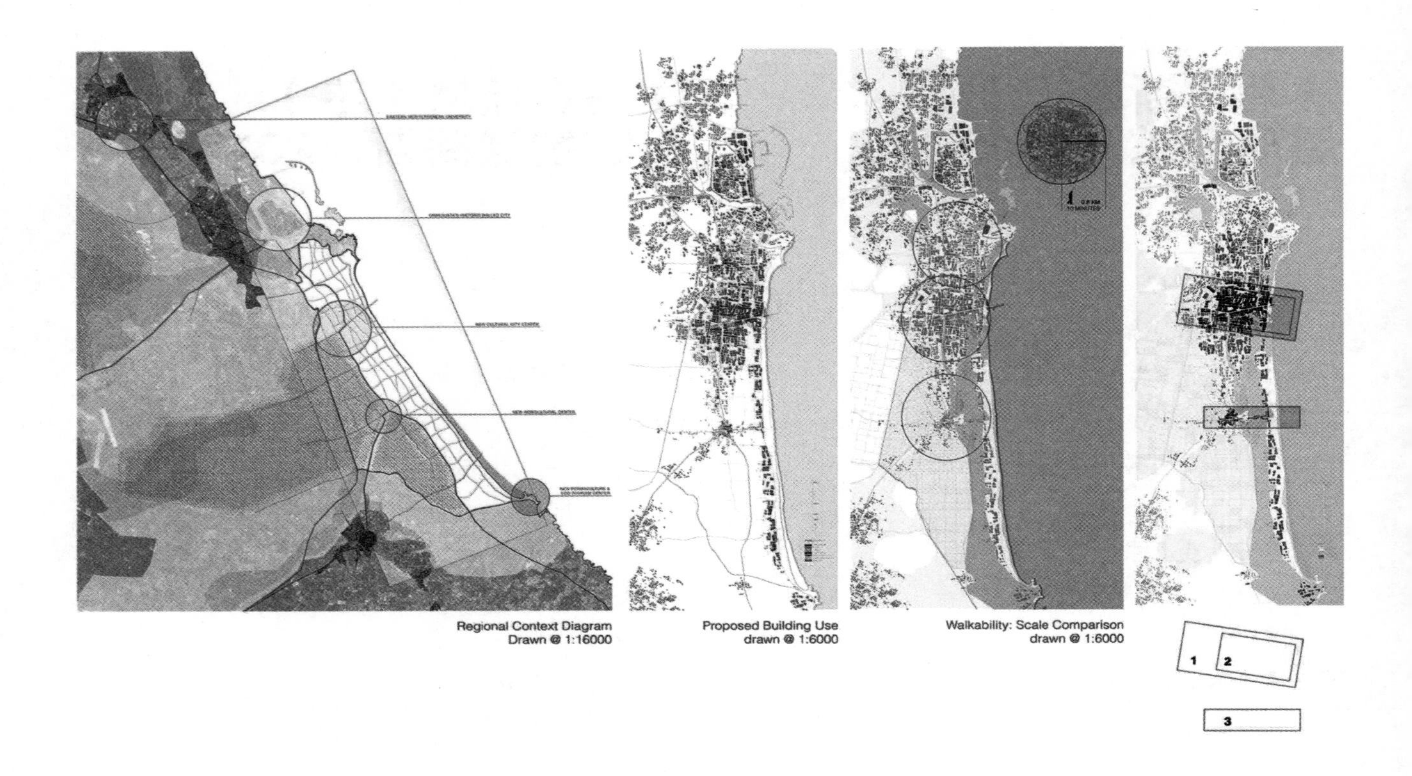

Regional Context Diagram
Drawn @ 1:16000

Proposed Building Use
drawn @ 1:6000

Walkability: Scale Comparison
drawn @ 1:6000

塞浦路斯法马古斯塔的复建方案由南佛罗里达大学师生共同完成，献给这座被遗弃长达四十年的“鬼城”。2014 年至今，项目仍在持续进行中。我选择了一些学生所做的设计图文。

法马古斯塔的复生

重建兴盛的城市，树立可持续性与安宁生活的典范

小组 1：

塞缪尔·阿拉莫（Samuel Alamo）

玛赛拉·阿朗戈（Marcela Arango）

雷恩·代尔（Ryan Dyer）

法马古斯塔位于塞浦路斯岛东端，这座城市有希望在国内交通运输发展中扮演重要角色。法马古斯塔拥有一座历史悠久的古城墙，城墙东南部的交叉路口车流不息，连结着通往三个主要城市的道路。如果能在这里建设一个辐射全岛的快速电动交通枢纽，人们就可以从狄瑞尼亚（Dyrenia）出发，途经法马古斯塔一路直达尼科西亚（Nicosia）。这条交通线建成后，还可以将南部新建的农业中心、东地中海大学分校、旧城区与东地中海大学本校区连接起来，这将为法马古斯塔及其周边区域的居民们提供舒适快捷的交通。

新市中心

新建的市中心是公共活动的核心，我们以步行交通作为设计中的重点内容。这里有热闹的街道和葱郁的公园，你可以停下自己的汽车，怡然自得地在树荫荫蔽的小路上行走。它是城市的“客厅”，有许多重要的公共建筑，包括博物馆、图书馆、音乐厅和剧院。

标准居住区

居住区被安排在城市中人口最稠密的区域，我们以绿色的小街为轴，排列组织标准住宅单元。人们通过绿荫环绕的步行街在城市环境中穿行，所有社区也以此串联。每个街区都有自己的小广场，它们为社区创造了一条轻松的纽带，人们将在这里相聚。多户居住单元则被大尺度的多功能建筑围护着。住宅单元开敞的前院直接连通着街道与绿色的小径，后院则布置了果菜园和宽敞的共享空间。

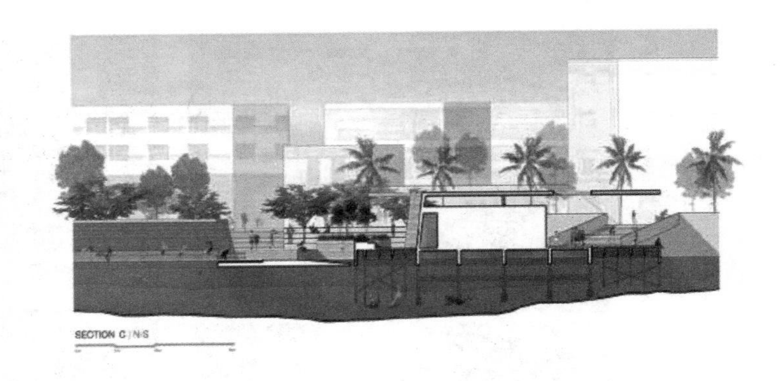

展望新生活

以下模型和附图反映了我们对法玛古斯塔全新生活方式的展望。这个 1/16 的模型表现的是方案充分实施后当地的街景。现在抽取城市某处的一条步行街来说明。它从永续农业公园出发，一路向西，最终抵达海滨东部的木栈道。我们在这条路上布置了路标和雕塑作品来提升整体环境。同时按照功能划分，在道路两边布置了商业、住宅、酒店，以及其他公共建筑。通过控制平面与剖面的扩张和收缩，我们在街道空间中编织出流动的态势，这将为人们创造出轻松愉快的行走体验。街道上、马路边，处处都是自然植被与人造遮阳板，它们将在塞浦路斯的炎炎夏日中为行人遮蔽阳光。我们设计了多种居住模式，为它们制作了大比例模型，还绘制了透视图与剖面图。从多户联合住宅到单身住宅，每个人都能够各得其所地在城市中生活。

SECTION A | N-S
SECTION C | N-S

十二 | 求索

当下，建筑学几乎失去了方向，更无力解决世上的诸多难题。很多建筑师已经丢掉了职业操守。现在，我们处在风口浪尖，需要重新理解和诠释这个专业。建筑学既不是旧时“绅士的行当”，也不是当今“大师的表演”，建筑师必须谦卑躬身。在考虑形式的同时，我们也要兼顾社会与政治。我们是现实世界的看护者，每一位建筑师都应当在实践中不断求索。

我不知道接下来能接到什么项目。但一如既往，我确信那将是一生中最激情澎湃的事业。工作又要开始了，之前的思想会得以延续，新生的观念也将从中孕育。

建筑场地同样也是设计过程中至关重要的因素。每当要去参观场地之前，我都兴奋得难以入睡，就像是圣诞夜的孩子期待着明天一大早去打开礼物收获惊喜。第一次看到场地时的感受是设计中的重要线索——之后所做的一切都始于此时此地。

正是怀着这样的激情，我才能不断前行。在工作中，我与建筑的使用者协同一致，尽量使用当地建筑材料，同时表达出我对于可持续发展的理解。最重要的是保持工作的激情，全力以赴。这就是我的建筑之道。

十三 | 尾声

傍晚，
披着夕阳的余晖，
我坐在长长的青草坡上，
听轻风抚摸大地的柔声，
看日暮的流光浸染地平线。
我多么爱，
仰视深蓝的无尽苍穹，
看星空神奇运转。

我想起了贫民窟的孩子，
波士顿的，巴基斯坦的，
还有海地的小朋友们。
为了孩子们，
我必须要有所作为。
大地苍茫，
不会为谁改变一丝一毫，
虽然世上充满突兀的声调，
人生却是一次
寻求和谐的旅程。

我们跟风追逐时尚，
误入歧途掩耳盗铃；
我们攀岩学术之塔，
只为自己高居其上；
用高科技标新立异，
也只是任性的瘾症；
建筑师被这些工具，
主宰了自己的思想。

警醒吧！
我们创造出了一个
失调的纷乱世界，
要分秒必争纠正错误。
不要指望政府，
忘记流行时尚，
不跪拜高技术，
要解决问题，
只能依靠自己的双手。

现在，
希望就在我们的身上。
在这段旅程中，
我们要艰苦深耕，
挖掘信念和思想。

我满怀着爱，

为大家递上，
这份生活的笔记，
并与各位分享：
那是对自己的爱，
也是对他人的爱，
是对设计对象的关爱，
也是一份最特殊的挚爱。
我们的心意深切！
我们的激情坦荡！

布洛克岛的日落，摄于罗得岛州的布洛克岛。

十四 | 致谢

这本书中介绍的所有项目，都是大家长期辛苦工作的结果。我能作为建筑师谈论这些方案，离不开大家的支持。非常感谢同事们对我的帮助。他们的工作极为专业，让设计方案更加完整。

这些年来，我有幸遇到了一些人，他们影响了我的职业生涯。任何时候他们都对我不弃不离，师友们的思想教育了我、帮助了我。能够相遇真是幸运，我深表感激。下面列出了其中一些人的姓名，也许无法概全，在此向被遗漏者表示歉意。

戴维·艾萨克·戈德堡（David Isaaic Goldberg）

欧内斯特·柯万（Ernest Kirwan）

威廉·D·沃纳（William D. Warner）

卡尔·林（Karl Linn）

戴维·克兰（David Crane）

埃德温·洛格（Edwin Logue）

阿尔多·凡·艾克（Aldo Van Eyck）

槙文彦（Fumihiko Maki）

乔斯·塞特（Jose Sert）

泽西·索尔坦（Jerzy Soltan）

杰奎琳·蒂里特（Jaqueline Tyrwhitt）

卡洛斯·阿尔瓦拉多（Carlos Alvarado）

安迪·安德森（Andy Anderson）

唐林·林登（Donlyn Lyndon）

杰克·迈尔（Jack Myer）

约翰·哈布拉肯（John Habraken）

特别感谢在写作过程中给予帮助的朋友们。尤其是我的妻子伊丽莎白·里德（Elizabeth Reed），她是我最犀利的评论家，为本次写作提出了很多建设性意见，也为我的工作提供了巨大的支持。

很多人为本书的审读提供了帮助。包括芭芭拉·布雷迪（Barbara Brady）、阿梅里卡·安德拉德（Americo Andrade），还有一些人在上文中已经提到。最后，我要感谢我的学生们。多年以来，我教过数以千计的学生,还是有那么多同学令人难忘。教学是我的本职工作，学生就像是我的家人。

有时候我会想，也许我是学生，而学生们才是老师。在教学工作中我受到很多启迪，得益良多。下面是我这些年来教过的学生名单，非常感谢能够和他们一同工作学习。

学生名单（以姓氏字母排序）:

A

Viktorija Abolina, Hassan R. Abouseda, Claire Abrahamse, DanielB. Abramson, Wael J. Abu-Adas, Reema E. Abu-Gheida, KristinAhern, Alison Alessi, Aminuddin Ahmad, Samuel Alamo USF, WinnieAlamsiah, Salwa Alamsiah, Marc L. Alberts, Jon W. Alff, Dalia Ali,Enas Alkhudairy, Robin McGrew- Allen, Jordan Allison, Majeda AlMarzouqi, Jean L. Alpers, Brandt C. Anderson, Bruce N. Anderson,Katie E.Anderson, Teagan Andres, Nancy

G. Angeney, Michelle Apigian, David L. Aposhian, Marcela Arango Lopez USF, Barbara J.Archer, Mani H.Ardalan, Non Arkaraprasertkul, Megan Arp, SusanE. Arthur, Jesse Ashcraft-Johnson, Heidi Ashley, John E. Ashley,Meredith Atkinson, S.C. Auchincloss, Marshall K. Audin, Michele Auer,Paul V. Averbach,Rula M. Awdeh, Miguel A. Ayala,

B

Leonie Badger,Jin-Soo Baek, Radhika Bagai, Neeraj Bhatia, Matthew Baitz USF,Adam Balaban, Celin Balderas-Guzman, Jordan Banks USF, DonnaA. Barbaro, Diana L. Barco, Glenn D. Barest, Alison M. Barnes, LeslieA. Barnett, Angela E. Barreda, Lauren M. Barrett, Stephanie J. Bartos-Packard, William A. Bartovics, Stuart A. Basseches, Timothy Bates,Paul L. Battaglia, Scott C. Baumler, Kendra Beckler, Carolyn E. Beer,Ann Beha, Robert A. Behrens, Seth Behrens, Anne M. Beitz, Karren F.Bell, John Gordon Bemis, Robert Benson, Yuliya Bentcheva, RichardC. Berg, Daniel Bergey, Jaime S. Bernard, Jonathan S. Bernhardt,Rebecca Berry, William R. Bertsche, Jeffrey S. Bialer, Bruce E. Biewald, Nina E. Bischofberger, Abbe E. Bjorklund, Patricia L. Bjorklund, Brian Blaesser, Kirk V. Blunck, Brett A. Boal, Hannah Boehmer USF, Gary L.Bogossian, Arno S. Bommer. Leonardo Bonanni David J. Bondelevitch,Daniel Bonham, Marnie L. Boomer, Kimberly Boonban jerdari, KathleenL. Born, Andrew Bosquet, Ann Bosso, Maria Botero, Judith LH. Bowen,David W. Bower, Anne Bowman, Nathan Boyd USF, Barbara Brady,Timothy M. Bradley, Andrea Bradshaw, Lenox H. Brassell, Brian R.Brenner, Katherine E. Brewer, Otis C. Bricker, Susan N. Briggs, CharlesF. Brock, Nathaniel E. Brooks, Blaine L. Brown, Carrie Brown. DavidW. Brown, Linda J. Brown, Megan Brown, Robert P. Brown, Robert S.Brown, Stacey Brown USF, James M. Bruneau, Lindsey Buck-Moyer,Pavika Buddhari, Richard P. Buellesbach, Steve Bull, Matthew Bunza,John S. Burke, Shawn P. Burke, Susan D. Burnelle, Gregory Burnett, ErinE. Burns, Shelley L. Burton. Helen H. Bush, Christopher P. Butler

C

KaitlynCabana USF, Thomas D. Cabot,Alberto Cabre, Charles E. Calhoun,Alejandro Camayd, Andrew T. Cameron, Alena S. Campagna, Pamela Campbell. Angie Cano-Flores USF, Martin Campos, William D.Capolongo, Jorge Carbonell, Kathleen M. Carmody, James Carr, KeithCase, Stephen A. Casentini, Fernando D. Castro, Kevin P. Cavanaugh,Sandra B. Champion, Hingman F. Chan, Cathy Y. Chang,

Henry Chang,Pamela G. Chang-Sing, Elizabeth A. Chapman, Len Charney, MichaelL. Charney, Alissa Chastain, Lynna A. Chatman, Fadi S. Chehayeb,Joan Chen, Lucia M. Chen, Lawrence K. Chen, Nina Chen, Serge I.Chijioke, Ryan C. Chin, Wei-I Chiu, Shani Cho, Dasom Choe, Jae HChong, Stephanie W. Choo, Renee Y Chow, May-Ying Chu, Tiffany Chu,Matthew Chua, Hae Youn Chun, Benjamin S. Chung, Esther Chung,Suh-Ni Chung, Gabriel Cira, Cara Cirignano. Malcolm J. Clark, StevenN. Clark, Kelly Clonts, Sally A. Coates, Crystal M. Coleman, Maeghann Coleman USF, William H. Coleman, Grace A. Collins, Erik Colon USF,Sheila Colon, Ana Compton, Peter M. Conant, Thomas H. Consolo,Zachary Conway, Lynn P. Converse, Melanie B. Coo, Daniella Covate USF, Thomas S. Covell, Douglas R. Coonley, Terri C. Cooper, RobertA. Costin, James A. Cottwald, Charles D. Cox, Andrew D. Crabtree,Charles A. Craig, Eri Crespo Hernandex, Stephen P. Crommett, Mark L.Crosley, John S. Crowley, Christopher L. Crowly, Christopher P. Cullen,Kyrre Culver

D

Robin Dahan, Ron Dajao, Sasha Dalla Costa USF, KeithL. Daly, Sylwia H. Daniszewska, Daniel Daou Ornelas, Gwynne Darden,Dawne David, Noel Davis, Bruce J. Davies, Judith A. Dayton, ElizabethDe Regt, Joshua Deacon USF, James R. Deasy, Richard D. Debose,Ethan B. deFrees, Miguel del Rio, Oliver Delacour, Priscilla del Castillo,Lawrence A. Deluca Jr., Joseph Demanche, John G. Demis, WilliamS. Dershowitz, Anisha Deshmane, Marissa Desmond, David Desola,Samuel DeSollar, Paul O. Detwiler, Rukye Devres, Joshua Diamond,Favio Diaz USF, Felicia Dimoff, Daren J. Dominguez, Ryan Doone,Salomon Douer, H. Hart Dowling, Julia M. Drewry, Timonthy Dudley, J.Darcy Duke, Patricia Dunlavey, Diana Duran USF, Tatiana S. Durilin,Ryan Dyer USF,

E

James L. Edgecornb, Bradford K. Edgerly, Melissa Edmands, Najiyah Edun, Caroline Edwards, Yvonne I. Egbor, Simon E.Eisinger, Peter Nicholas Elton, Rosalia E. Miss Ennis, Ekin Erar, AlyssaE. Erdley, Lizmarie Esparza, Patrick M. Ewing,

F

Cbristopher Falliers,Anna Falvello Tomas, Guoqing Fan, Ariel M. Fausto, Iman Fayyad,Eliot Felix, Feifei Feng, Paul E. Fernandez, John Fernandez, Jose A.Fernandez, Juan Ferreira USF, Deborah

C. Field, Stacy Figueredo,Judy A. Filerman, Ariel Fisher, John T. Fix III, Jenna Fizel, ThomasP. Fodor, Stephen Form, Molly Forr, James Forren, William H. Fort,Catherine Fowlkes, Michael E. Fox, Gaetane C. Francis, Sandra Frem,Debra A. Friedman, Wendy E. Frontiero, Rebecca Frye USF, DonaldM. Fryer, Vivian Fung, Masaki Furukawa,

G

Christopher Galbraith USF,Justin Gallagher, Adam Galletly, Peter L. Gang, Josefina Garcia-Marquez. Ashley Garrett USF, Thomas V. Garvey, Christine Gaspar,Linda S. Gatter, Jennifer Gaugler, E. Taylor Gaylean, Erlyne Gee,Thomas F. Gehringer, Dinae T. Georgopulos, Murat S. Germen,Richard D. Getler, Cassandra Gibbs, Ken Giesecke, Lorna J. Giles,Danelle Gillingham USF, James Gilman USF, David L. Gipstein, Corinne C. Girard,Michael Giuliano, Sharon Gochenour, Gale B. Goldberg, Tal Goldenberg, Deborah R. Goldfarb, Roger N. Goldstein, Jose Gomez,Karen H. Goodall, Nancy L. Goodwin, Terry J. Gootblatt, G. Gordon-Collins, Tsitsi Gora, Donald H. Gottfried, Christina Govan, MelodyE. Gower, Vincente Gramage, Mitchell L. Green, Aaron Greene,Leah A. Greenwald, S. L. Greenwald, Mary Griffin, Mary E. Griffin,Laurie A. Griffith, Mark D. Gross, Jaroslaw Gruzewski, Lian Guertin,Amy Guiliano, Francie M. Guiney,

H

Michelle Ha, Minna C. Ha, YoungE. Hahn, Peter A. Haig, Paul Hajian, Hossein Haj-Hariri, MichaelJ. Hale, Lynn G. Hallstrom, Ji-Hye Ham, David Hamby, Jihee Han,Liane A. Hancock, Steven Y. Handel, Karim Hanna, Maia A. Hansen,Saba Hapte-Selassie, Dorothy R. Hardee, Neil Harrigan, Anne Harrington, Michael S. Harris, William O. Harrod ,Jason Hart, DavidM. Hashim, Aliki Hasiotis, Erik G. Haugsnes, Noa Havilio, James P.Hawkes, John R. Haynes, Adrianne Hee, Lisa L. Heeschong, OrenHelbok, Katice Helinski, David A. Heller, Jane C.H. Helms, Susan R.Henderson, Erioseto Hendranata, Christopher Hendrix, JacquelynnE. Henke, Denise K. Henrich, John G. Hermansson, Belen Hermida-Rodriguez, Daniel A. Hertzon, Erin M. Hester, Lisa Hirschkop, SiwaiHo, Susan E. Hollister, Wendy M. Honaker, Haruka Horiuchi, JoyHou, Hyeonsil Hong, Heather Hootman, Alexis Howland, Greg Howland, Ann E. Hritzay, Joanne Hsieh, Andrew L. Hsu, BenjaminW. Hsu, Carol Y. Hsu, Davis S. Hsu, Stephanie Hsu, Joe P. Hsy, ElsieHuang, Li Huang, Peter P. Huang, Brian Hubbell, Andrew J. Hudak,Sarah Hudson, Phillip K.

Huggins, Robert Hughes, Brennen Huller,Francisco Humeres, Brian E. Hunter, Samuel L. Hurt, Duong Huynh,Ming-Choring Hwang,

I

Gregory K. Iboshi, Ahmed H. Idris, JessicaH. Im, Steve Imrich, James V. Impara, Ahsan Iqbal, Shelly L. Irving,Mark A. Isaacs, Theodossios Issaias, Vincent E. Iyahen,

J

Steven C.Jackson, Susan K. Jackson, Samuel Jacoby, Chantal Jahn, Peter Jamieson, Helen B. Jeffery, Mark D. Jewell, Amelia C. Jezierski, JohnJhee, Juan Jofre, Christopher Johns, Daniel B. Johnson, Katrina R.Johnson, Kerrick Johnson, Michael B. Johnson, Naomi L. Johnson,Gregory Jones, Margo P. Jones, Nicholas Jones USF, Andrew P. Jonic,Michael J. Joyce,

K

Katherine Kaford, Jason A. Kaldis, Matthew D. Kallis,Wendy Kameoka, Ian Kaminski-Coughlin, Jayoung P. Kang, BunditKanisthakhon, Georgina Karakasilis USF, Peter J. Karb, Victor W. Karen, Ellen J. Katz, John C. Kauffman, Geraldine M. Keegan, Phillip Kelleher,Stella Kelmann USF, Karen M. Kensek, Scott I. Kenton, Susannah G.Kerr, Jonathan Kharfen, Natsuko Kikutake, Catherine Kim, FrederickKim, Jae Kyung Kim, Jeeyun Kim, Jeong C. Kim, Jin K. Kim, Julie J.Y. Kim, Kyu Ree Kim, Michael Kim, Min-Jee Kim, Sei-Hee Kim, Yong-Joo Kim, Kari L. Kimura, David J. Kindler, Virginia L. Kindred, Yuri M.Kinoshita, David B. Kirk, Lara Kirkham, Sheldon M. Klapper, Maisie M.S.Ko, Nancy C. Koay, Ruth E. Kockler, Maria Kojic, Jennifer KozlovskyUSF, Albert P. L. Kong, Anna Konotchick, Anna Kotova, Shanna L.Kovalchick, Constantine A. Kriezis, Anadas Krishnapillai, Jeffrey E.Kristeller, Zachary M. Kron, Wendy G. Krum, Elizabeth Kwack, AkikoA. Kyei-Aboagye

L

Ethan Lacy, Chih-Ta Lai, Man Yan Lam, Robert E.Lamm, Ellen C. Laplace, Leidy Larue, Cynthia Latortue, Mary Lavarez,Michael L. Leaf, Christine Lebeau, David E. Lebow, Arnold C. Lee, BryanLee, Chia Chieh Jessica Lee, Cindy L. S. Lee, Duhee Lee, Hong Chung Lee, Hung-Suk Lee, Hyoung Lee, Jane H. Lee, Joong Wong Lee, JoyceS.Y. Lee, Sharon A. Lee, Weifeng Lee, Robert D. Leff, Nicki Lehrer,Charlotte Lelieveld, Jennifer L. Lemberg, Yelena Y. Lembersky,

SoniaLeon, Michelle G. Leong, Sow F. Leong, Laura A. Lesniewski, Albert S.Leung, Amanda Levesque, Karl B. Levy, Philip S. Lewis, Luis A. Levy,Donald M. Lewis, Bin Li, Janice K. Li, Kimberly Q. Li, Yujing Li, Daniel Lieberman, Winston Lim, Evangelo Limpantoudis, Amy J. Lin, Chin Y.Lin, Ching-Yi Lin, Chiong C. Lin, Eunice M. Lin, George Lin, JeffreyLin, Jill B. Lin, Meng Howe Lin, Cynthia M. Linton, Paul S. Lipof, Kristin Little, Susan C. Liu, Michael M. Lo, Vivian Loftness, Michelle A. Loiselle,Austin Lomeli, Sarah Longenbaker, Luis A. Lopez, John Louie Jr., TakWing L. Louie, Andrea Love, Christopher J. Lowy, Andrew Lper, DeboraLui, Paul Lukez, Rebecca Luther, Heidi Luthringshauser, Jay S. Lynch,Andrew Lynn

M

Christine Macauley, Christine Macy, Teresa McWalters,Valeri A. Madden, Meredith Maddox, Randall B. Maddox Jr., MarjorieM. Madsen, Robert M. Magie, Daniel F. Magorian, Stephen P. Mahler,Douglas E. Mahone, Kayla Manning, Tim Mansfield, Yvonne Y. Mao,Erik Mar, Andrew Marcus, Frank P. Marinace, Donna G. Marshall, PaulR. Marshall, Marcel Maslowski, Eulalia Massague, Kent C. Massey,Cynthia M. P. Mast, Paul Matelic, Joan Y. Mathog, Lisa B. Mausolf,James M. May, Paul G. May, David L. Mayfield, Mark A. Maxwell,Mary E. McCartney, Lauren McClellan, Kim McColgan, Ann McCollumUSF, Jeffrey McDowell, Leah J. McGavern, Billy K. McGhee, Eileen T.McHugh, William McKenna, Polly McKiernan, Andrew W. Meade, Mary E.Meagher, Terence S. Mechan, Barbara T. Mehren, Susan L. Mendleson,Rolando J. Mendoza, Kathleen A. Menne, Andrew F. Merriell, DustinMerritt, Emil H. Mertzel, Julie Moir Messervy, Nicole Y. Michel, AndresMignucci, Thomas G. Milbury, Robert B. Millard, Andrew R. Miller, BrianMiller, Christopher F. Miller, William G. Miner, Scott L. Minneman, JannaS. Mintz, Dejan Miovic, Pedro A. Miranda, Midori Mizuhara, SonyaMiranda-Palacios, Abbot L. Moffat II, Kkyle W. Moffitt, Andres MoguelUSF, Radziah Mohamad, Julie A. Moir, Chee K. Mok, Daniel C. Money,Jean-Frederic Monod, Dominic D. Montagu, Anthony Montalto, DianeA.Montllor, Lina A. Moody, James A. Moore, Robert L. Moore Jr., TylerMora, Leonardo Morantin, Joseph M. Morgan, Robert Morgan, StuartJ. Morgan, Everett L. Morton, Naveem Mowlah, Caitlin Mueller, DavidJ. Mullman, Eric P. Mumford, Christian G. Mungenast, Karl Munkelwitz,Mary A. Munson, John Murphy

N

Lynn E. Nanney, John C. Napier, L. M.Napolitano Jr., Diana Nee, David E. Nelson, Maggie Nelson, Martha F.Nelson, Elizabeth Neumann, James L. Newman, Brianna Nixon USF,M. Daniel Ng, Siu F. Ng, Elizabeth Nguyen, Benjamin Nitay, ChristineJ. Nugent, Kathryn Nussdorf, Christopher Nutter,Aissata Nutzel,

O

Ailish C.O' Connor ,F.A.Offenhauser, Jong Y.Oh, Raphael G. Olguin,Paola Oliver-Gutierrez, Eric K. Olson, Edrie Ortega, Connie Osborn,Roland G. Ouellette, Christine Outram, Michael K. Owu,Diane L. Ozelius,

P

Richard G. Pachal, Jack W. Pai, Hansraj Palacios,Nanad Pandit, J. Christoph Panfil, Elizabeth Panzer, M. Papadakou,Gene S. Park, Hyun-A Park, Alyssa A. Parker, Glenn Parker,Jean Pierre Parnas, Victoria Parson, Paige K. parsons, Lenore A.Passavanti, Bethany Patten, Priti Paul, Susan K. Paulos, Bruce A.Paulson, Charles A. Peckam, Jelena Pejkovic, Cristine Pena, RoseT. Pena, Kenneth Peng, Adam Penley, Stephen Perfetto, RichardH. Perlstein, Constance A. Perrier, Nicole G. Peskin, Ronald W.Peterson, George Petrov, Adele Phillips, Shawna O. Phillips, KarenL. Philpott, Barbara K. Pickles, Denise R. Pieratos, Jennifer Pieszak,Gayle Pinderhughes, Philip G. Pipal, Derek Pirozzi USF, Eric C. Pivnik,Sally Plunkett USF, Peter D. Polhemus, Daphne Z. Politis, Scott R.Pollack, Aliya Popatia, Tatiana Pouschine, Jay Powell USF, RobertL. Powell Jr., Darleen D. Powers, Neil A. Prashad, Brian J. Press,Paul I. Pressman, Russel J. Price, Harriet Provine, Sheri M. Pruitt,John Pugh, Gene C. Pyo,

Q

Atif Qakir,

R

Reilly Rabitaille, Nicolas Rader,Daniel A. Radler, Slobodan Radoman, Richard A. Radville, Harini Rajaraman, Elizabeth Ramaccia, Girish Ramachandran, MichaelRamage, Helen C. Rand, Michael B. Raphael, William L. Rawn, EricRandall Razelli, Renee Reder, Betsy L. Redisch, Robert F. Reifeiss Jr.,Edward C. Reifenstein, Emily Resciniti USF, Frank c. Revi, Christopher Rhie, Sylvia T.A Richards, Mark A. Rigolioso, Kevin S. Ring, AlanR. Ringen, Christopher J. Riopel, Matthew Roitstein, William F.Roslansky, Gilead Rosenzweig, Alex Rios

USF, James Rissling, FelixRivera, Francarlos Rivera USF, John S. Roberts, Phillip W. Robinson,Siobhan Rockcastle, Ernesto Rodriquez, Joanna Rodriquez-Noyola,John Roman USF, Christoforos Romanos, Jan P. Roos, Robert F.Roscow, James E. Rosen, Lisa T. Rosenbaum, Jessica Rosenkrantz,Anne C. Rossbach, Breanna Rossman, Dennis L. Roth, Shaun Roth,Dale S. Rothman, Chester G. Rowe Jr., Judith L. H. Rowen, Kalev

Ruberg, Pamela B. Rubin, John K. Ruedisueli, Stuard Ruedisueli,Sarah Rundquist, Paula L. Runlett, Laura Rushfeldt, Anne C. Russell,Greg Russell, Peter B. Rutherford, Robert W. Ryland,

S

Glayol Sahba,Zahras Saiyed, Laura Salazar-Altobelli, Lauren Sajek, Ramona O.Saldamando, Susan J. Salmon, Georgios Samartzopoulos, MarionK. Sammis, Karen L. Samuels, Israel Sanchez, Daniel Sandomire,Andrew Sang, Giancarlo Santillan, Dr. Lawrence Sass, John B.Saveson, Erik Scanlon, Kathleen M. Schaefers, Jeff L. Schantz, JennyP. Scheu, David J. Schlegel, Anna Schlesinger, Eric P. Schmidt,Jeffrey H. Schoelkopf, Suzanna H. Schueth, Tanya E. Segel, PatriciaM. Seidman, Michael Sela, Thomas R. Selden, Stephen M. Selin,Constantine Seremetis, Manan H. Shah, Tidhar D. Shalon, SaudSharaf, James Shen, Karios Shen Shirley Shen, Maria T. Shephard,Roger Shepley, Scott R. Schiamberg, Roger D. Shepley, Robin Shin,Sarah Shin, Jean Shon, Ellen S. Shoshkes, Paul Sierra, Anthony Sievers,Elizabeth Silver, Marcia, J. Simon, David L. Simson, Eva P. Siu, ClaudiaM. Skylar, Chris Slattery, Rachel T. Slonicki, David Smith, Mary K. Smith,Judy K. Snodgrass, Audrey Snyder, George J. Snyder, James Snyder,Jacqueline M. Sohn, David Solnick, Ellen C. Soroka, Sarah Southerland,Selena M. Spear, William C. Spears, Stefanie A. Spencer, Sarah Spicer,Michael Spinello, Italo Spiridigliozzi, Lindsey L. Spratt, Charles A. St.Clair, Christiana Stamoulis, Christian Stanley USF, Armin M. Staphrans,Kevin L. Staudt, Eban Steifel, Marc J. Steinberg, Curtis H. Stern,Stephanie Stern, Lee H. Steven John A. Stevermer, Susan Stimmel USF,Martha O. Stokes, Thomas J. Stolhman, Ebberly Strathairn, Roger W.Stucke, Rigel D. Stuhmiller, Gail Sullivan, Sagarika Suri, Gloria J. Sun,Alice Sung, Lillian T. Sung, Hisava Sugiyarna, Michael D. Supina, Sally Sweetland Carole M. Swetky, Kristopher Swick, David F. Swoboda, Kim M. Sykes,

T

Merritt Tam, Wing Lai-Chan Tan, Yew-Hoe Tan, Y. K. LukeTan, Sean Tang, Tobi Tanzer, Jason Tapia, Scott D. Taricco, Christopher Taylor, David K. Taylor, Jeffrey Taylor, Tracy Taylor, Elizabeth A.D.Tebbens, Erich G. Theophile, Valerie A. Thiel, Constantine N. Thomas,Paul Thomas, Evelyn W. Thompkins, James R. Thompson, Mark S.Throop, David K. Titus, Theodora Tonti, John S. Torborg, JonathanTorres USF, Jose M. Torres, Renelle Torrico, Emily Tow, Anne E. Townes,Charles Treister, Harry B. Tremaine, Mark J. Truant, May D. Tsai, MilenaTsvetkova, Gracy Tseng, Scott Tulay, Lei H. Tung, Andrew Turco, JoelTurkel, Chritena H. Turner, Keith W. Turner, Peter J. Turowski, Aldarsaikh Tuvshinbat

U

Mio Uchida, Nnema L. Ugwuegbu, Susan E. Uhm

V

AnthonyVanky, Samuel W. Van Dam, Belinda Vlenti, Richard R. Valinoti, Albert F. Vallecillo, Ivaylo Vassilev, Sandra Ventura, Jeremy E. Verba, WilliamVereb USF, Kimberly A. Vermeer, William L. Vincent II, Nicole Vlado,Anthu N. Vo

W

Clea T. Waite, Matthew Wall USF, Clifford R. Walker, KayO. Walker, Lynwood Walker, Aaron S. Wallack, Ann M. Walters, JoyceWang, Brett Walzer, Paul C. Wang, Leon Wang, Nicole Wang, SeanWang, Shu Wang, Vivian L. Wang, Xingchen Wang, Yin-Jen Wang,Beatrice Ward, Justin Warner, Angela E. Watson, Brian Watts, ThomasWeathers, Andrew T. Weaver, Jay H. Weber, Amy K. Weinstock, EricaWeiss, Sally Ann Wendel-Valle, Chia Yang Weng, Barbara E. Wesslund,Brian West USF, Nathalie Westervelt, Martha L. Wetherill, Tracy Wharton,Alexi Wheeler, Ian A. Whitelaw, Susan Wiegand, David E. Wiborg,Christina J. Wilde, Alexander M. Wilgus, Ann M. Willerford, Guy P.Willey, Charlotte G. Williams, June P. Williamson, Curtis S. Wilson, ErikWilson, Timothy G. Wilson, Brittmari Wilund, James Winder, StephanieWingfield, Timo Wirth, Natthida Wiwatwicha, Margaret E. Wohl, JenniferJ. Won, Darci M. Wong, Andrea J. Wong, Terry Wong, Deanne M. Wu,Fred W. Wu, Barbara A. Wyckoff, Jessica Wu,

X

Lin Xie, Xioran Xu, KuiXue, Aspasia Xypolia

Y

Woo-Hyun Yang, Yang Yang, Carol Yao, CharleneC. Ying, Masaki Yonesu, Hiroshi Yoneyama, Lana E. Yoon, David A.Yosick, Sandra L. Youla, Jamie Young, Sandra M. Young, Soo-HwaYuan, Chuei-Ming Yuen

Z

Kamram Zahedi, Andrew T. Zalewski, MarniD. Zarin, David Zawko USF, Lian Q. Zhen, Peter M. Ziegler, Rodney P.Ziesmann, Jessica A. Zlotogura, K. L. Zimmerlin, Kelly Zimmerman, Lee Z.Zimmerman.

译后记

简·万普勒是一位备受尊敬的建筑教育家，也是一位富有责任感的建筑师。他的职业生涯始终如一，坚持简朴而富于人文意味的设计。在 40 年的教学历程中，万普勒非常重视建筑的社会学属性，他力图重新定义建筑师的工作与责任，对美国建筑教育产生了深远影响。

万普勒生于宾夕法尼亚州，幼年时在俄亥俄农村生活。在他的事业中，我们总是能够察觉到对于自然的眷恋之情。这令我联想到惠特曼与赖特：他们都生长于美国广袤的乡村，散发着自然主义的气息与乡野淳朴的进取精神；他们虽然生活在不同的时代，却怀着相同的精神禀赋，将自己对大自然的无限热爱转化为自由奔放的创作力。万普勒认为建筑应当顺应自然、顺应生活，建筑师应当是生活的守护者。他 40 年来未曾改变这立场。本书便是多年求索之旅的一次回顾与总结。

本书并不是一部完整闭合的论著，应和着本书的副标题“旅途中的求索”；这是一部偏向感性的著作，游走于自传与专著之间，时而富有诗意地低头沉思，时而发起雄辩的宣言。本书以作者的生活记忆和学习经历为铺垫，逐步展开，推进为设计观念与建筑立场的表白。同时，书中也加入了万普勒与学生的课堂对话、间隙空间概念的解析、国际和国内项目的分析与介绍，这些内容都可以为年轻的建筑师与学生们指点方向。十几年前，《安藤忠雄论建筑》曾经风靡校园，不仅因为作者的名气，更是因为安藤忠雄先生用实实在在的语言讲述了自己的人生经历与对专业的思考，对于年轻人有着真正的启发意义。巧合的是，安藤先生也以“在过程中思考”作为《论建筑》的最后一章的标题。这两本书都为年轻人而作，它们是启程的呼唤，而非路途的终点。

万普勒的文笔轻松生动。本书的文字并不像理论专著般稠密，也不同于学院派惯用的深奥腔调，很适合初学者们阅读。书中的诗作虽然不讲求严谨的格律，却富于内在节奏和韵律。万普勒在序言中曾提到，“我的思维常常以视觉的形态展现出来”。在翻译过程中，我时常惊叹于万普勒的文字中所体现出的空间感和画面感；他的语句很有亲和力，坦率背后却是对年轻人的鞭策；读者在阅读之后将会发现，虽然万普勒一再否认自己是作家，但他的确是一位浪漫的诗人，也是一位言简意赅的表达者。

简·万普勒的这本建筑学入门读物展现了一幅乌托邦的图景，似乎触手可及，却需要终生的工作与努力来证明。在本书最后，万普勒按照字母排序，列出了多年来教授过的上千名学生的姓名，震撼人心。惠特曼曾写下："我不愿意做一个伟大的哲学家，也无意树立学派。……但我愿把你们带到窗前，拨开窗纱。……我用左臂挽着你们的腰，用右手把无止境无源头的路指给你们看。穿过挤满了生活哲学的浮华都市，跨过圆拱门，你将踏上一片鲜花盛开的青草地……"这诗句也许是万普勒 40 年教师生涯最好的概括，也正是这本书的写作目的。

译者

2016 年 12 月

于兰州